Midjourney
AI绘画艺术创作教程
关键词设置、艺术家与风格应用175例

王常圣◎著

化学工业出版社

·北京·

内 容 简 介

Midjourney AI绘画视觉艺术175个案例，包含500多组主题关键词设置方法和100多组艺术家风格应用技巧解析。附赠65分钟AI色彩灵感视频课程，助力您从AI绘画新手成长为掌控AI视觉艺术的大咖，充分激发您的创作灵感！

本书前两章主要介绍了AI绘画的详情背景，Midjourney平台的参数和命令使用。第3章探讨了如何将Midjourney生成的作品商业化，并深入拆解了油画风格创作的案例。第4章聚焦于水彩粉画创作，包括水彩、色粉和水粉的不同风格案例。最后，第5章展示了Midjourney如何辅助传统绘画艺术创作，涵盖了素描、中国画、版画、雕塑、壁画、马克笔和彩铅等多种媒介。

本书结构清晰，案例丰富，适合AI视觉艺术爱好者，特别是当下的绘画工作者、设计师等，以及其他内容创作者、AI研究人员等，也可作为各学校AI相关专业的教材。无论您是寻找创作素材、商业化您的作品，还是想要熟悉AI技术，这本书都会成为您的创作之源。

欢迎您融入艺术与科技的激情，来开启一场创意之旅！

图书在版编目（CIP）数据

Midjourney AI绘画艺术创作教程：关键词设置、艺术家与风格应用175例 / 王常圣著. —北京：化学工业出版社，2024.1
ISBN 978-7-122-44337-3

Ⅰ.①M… Ⅱ.①王… Ⅲ.①图像处理软件-教材 Ⅳ.①TP391.413

中国国家版本馆CIP数据核字（2023）第200355号

责任编辑：李　辰　杨　倩　孙　炜　　　　封面设计：异一设计
责任校对：宋　夏　　　　　　　　　　　　装帧设计：盟诺文化

出版发行：化学工业出版社（北京市东城区青年湖南街13号　邮政编码100011）
印　　装：北京瑞禾彩色印刷有限公司
787mm×1092mm　1/16　印张12¼　字数304千字　2024年1月北京第1版第1次印刷

购书咨询：010-64518888　　　　　　　　　售后服务：010-64518899
网　　址：http://www.cip.com.cn
凡购买本书，如有缺损质量问题，本社销售中心负责调换。

定　　价：98.00元　　　　　　　　　　　　　　　　版权所有　违者必究

前言

在这个数字化和全球化日益紧密相连的时代,艺术与科技的融合正在迅速地拓宽和深化。人工智能,这个一度被视为科幻小说中才会出现的概念,如今已经渗透到我们生活的各个层面,包括艺术。重要的是,利用人工智能生成的图像已经跨越了"奇点"。人工智能绘画(AI绘画)正在重新定义我们理解和创造艺术的方式。

这本书是为所有对人工智能艺术充满热爱与好奇的人们所写的。无论你是一位经验丰富的艺术家,寻求通过新的技术手段拓展你的创作边界,还是一位初涉艺术领域的新手,渴望了解和尝试这一创新形式,本书都将为你指引明路。我们将从人工智能绘画的基本概念开始,解释它的工作原理,介绍它是如何与传统艺术形式相结合的,以及它如何开启了一个全新的创意世界。我们将深入探索AI绘画背后的技术和原理,揭示它是如何将数学算法转化为鲜活生动、美学质量优越的艺术作品。本书的目标不仅是提供理论知识。还将引导你亲自动手,通过对实践案例和详细关键词(本书中也等同于"提示词")的讲解教你如何使用Midjourney进行AI艺术创作。

请记住,AI绘画并不是要取代传统艺术或人类艺术家。相反,它是一个强大的工具,能够帮助我们以新的、前所未有的方式来表达自己。它是一个新的合作伙伴,能激发我们的创造力,推动我们的艺术实践向前发展。

本书是你开始这一令人激动人心旅程的指南。我们邀请你一同探索人工智能和艺术的交融之美,一同见证一个新的艺术时代的诞生。

祝你在这一探索之旅中找到灵感和喜悦。

著 者

扫描二维码,查看65分钟AI色彩灵感课

目录

第1章 AI绘画导论 …………………………… 1

1.1 AI绘画概述 ………………………………… 2
- 1.1.1 什么是人工智能绘画 ………………… 2
- 1.1.2 主流人工智能绘画平台及其区别 …… 4

1.2 Midjourney出图的优势和缺点 …………… 5
- 1.2.1 Midjourney出图的优势 ……………… 5
- 1.2.2 Midjourney出图的缺点 ……………… 6

1.3 学习AI绘画的意义 ………………………… 7
- 1.3.1 使用AI绘画提升美学素养 …………… 7
- 1.3.2 通过AI绘画寻找绘画灵感并进行绘画辅助 …… 8

1.4 如何使用Midjourney ……………………… 9
- 1.4.1 注册Discord账号及订阅Midjourney会员 …… 9
- 1.4.2 Midjourney的个人服务器和机器人使用 …… 11

第2章 Midjourney参数与命令介绍 …………… 13

2.1 Midjourney主页、社群及App介绍 ……… 14
- 2.2.1 Midjourney主页社群及特定风格频道 …… 14
- 2.2.2 Midjourney图像库的使用及下载 …… 16
- 2.2.3 如何获取Midjourney免费的GPU奖励 …… 18

2.2 Midjourney版本特性介绍 ………………… 19
- 2.2.1 V系列版本介绍 ……………………… 19
- 2.2.2 niji系列版本介绍 …………………… 21

2.3 Midjourney创作原则及方法介绍 ………… 23
- 2.3.1 Midjourney创作原则及提示词公式介绍 …… 23
- 2.3.2 利用ChatGPT插件生成Midjourney的提示词 …… 25
- 2.3.3 利用谷歌翻译来辅助撰写提示词 …… 27

2.4 Midjourney常用参数命令设置 …………… 27
- 2.4.1 Midjourney命令区域的使用方法及imagine功能 …… 27
- 2.4.2 提示词中的符号与权重参数的使用 …… 30

2.4.3 叠图、blend命令及seed参数的使用……………………… 31
2.4.4 否定词、完成度、重复生成及比例参数的使用……… 33
2.4.5 chaos、stylize、style和quality参数控制画面
输出结果……………………………………………… 36
2.4.6 Info、setting面板参数、Remix和High Variation
Mode设置……………………………………………… 40
2.4.7 Zoom out、Pan、图像比例设置…………………… 43
2.4.8 describe和shorten命令设置……………………… 45
2.4.9 Vary（Region）局部重绘功能…………………… 48

第3章 Midjourney商业化路径及油画风格创作 …53

3.1 Midjourney作品的商业化路径…………………………… 54
    3.1.1 利用Midjourney生成装饰画及数字油画……………… 54
    3.1.2 利用Midjourney生成壁纸插图……………………… 55
    3.1.3 利用Midjourney生成绘画草图及展览……………… 56
3.2 Midjourney油画创作……………………………………… 57
    3.2.1 油画头像案例讲解与关键词设置…………………… 57
    3.2.2 油画风景案例讲解与关键词设置…………………… 67
    3.2.3 油画静物案例讲解与关键词设置…………………… 90
    3.2.4 抽象油画案例讲解与关键词设置…………………… 94
3.3 Midjourney油画展览手稿创作…………………………… 100
    3.3.1 复杂场景创作思路、案例讲解与关键词设置……… 100
    3.3.2 组画创作案例讲解与关键词设置…………………… 101

第4章 Midjourney水彩粉画创作……………… 105

4.1 水彩风格案例……………………………………………… 106
    4.1.1 水彩风景案例讲解…………………………………… 106
    4.1.2 水彩静物花卉案例讲解……………………………… 118
    4.1.3 水彩动物案例讲解…………………………………… 121

4.1.4　水彩头像案例 ························· 123
4.2　Midjourney色粉及水粉创作 ····················· 127
　　　4.2.1　色粉画案例讲解 ························· 127
　　　4.2.2　水粉及丙烯画案例讲解 ················· 130
4.3　Midjourney其他水彩案例讲解 ··················· 132
　　　4.3.1　钢笔画及淡彩风格 ····················· 132
　　　4.3.2　其他水彩风格 ························· 134

第5章　Midjourney辅助其他传统绘画艺术创作 ··· 141

5.1　Midjourney素描/速写创作 ························ 142
　　　5.1.1　素描头像及人物案例讲解与关键词设置 ······ 142
　　　5.1.2　速写人物及风景案例讲解与关键词设置 ········ 148
5.2　Midjourney中国画/水墨画创作 ····················· 152
　　　5.2.1　中国画案例讲解与关键词设置 ············ 152
　　　5.2.2　水墨风案例讲解与关键词设置 ············ 159
5.3　Midjourney版画/雕塑/壁画创作 ···················· 161
　　　5.3.1　版画案例讲解与关键词设置 ·············· 161
　　　5.3.2　雕塑案例讲解与关键词设置 ·············· 165
　　　5.3.3　壁画案例讲解与关键词设置 ·············· 174
5.4　Midjourney马克笔/彩铅创作 ························ 179
　　　5.4.1　马克笔案例讲解与关键词设置 ············ 179
　　　5.4.2　彩铅案例讲解与关键词设置 ·············· 185

第 1 章

AI 绘画导论

1.1 AI绘画概述

1.1.1 什么是人工智能绘画

在进入人工智能绘画的世界之前,让我们先想象一下:如果我们有一个机器人朋友,给它一支画笔和一张纸,然后告诉它我们想要的画面,它就能画出来。听起来很神奇,对吗?这就是人工智能绘画的魅力所在。

人工智能绘画,简称AI绘画,是指使用人工智能技术来创建或辅助创建艺术作品的过程。与传统的绘画方法不同,AI绘画不仅仅依赖于艺术家的技巧和直觉,而是结合了计算机算法、数据和机器学习来产生新的有时甚至是前所未有的艺术形式。

那么,AI是如何工作(绘画)的呢?

首先,我们需要理解人工智能背后的基础:机器学习。简单来说,机器学习就是让计算机从大量的数据中学习,然后根据这些学到的知识做出决策或预测。在AI绘画背景下,计算机可以通过分析成千上万的艺术作品来"学习"艺术的各种风格和技巧。当AI系统学习了足够的艺术知识后,它就可以开始创作了。我们可以告诉它我们想要的风格、颜色或主题,然后它会根据我们的要求和它所学到的知识创作出独特的艺术作品(图1-1~图1-3)。但是,这并不意味着AI绘画会取代传统的艺术家。事实上,许多艺术家正在将AI当作工具帮助他们探索新的创意和技巧。AI绘画为艺术创作提供了一个全新的视角,使艺术家能够超越传统的界限,创作出前所未有的作品。

那么,为什么AI绘画如此受欢迎呢?

(1)无限的创意:由于AI可以分析和学习大量的数据,它可以为艺术家提供无尽的创意灵感。

(2)时间节省:对于某些复杂的设计或绘画任务,AI可以快速地完成,从而为艺术家节省宝贵的时间。

(3)个性化创作:AI可以根据个人的喜好和要求为其定制艺术作品。

图1-1 名家莫奈画作

图1-2 垫图+提示词生成画作:
beautiful oil painting by monet
--ar 16:9 --v 5.2

图1-3 提示词生成画作：Beautiful rural areas, boats, bridges, oil painting impression pieces, strokes, beautiful oil painting by monet --ar 16:9 --niji 5

但是，也有一些批评的声音。有人认为AI绘画缺乏真正的情感和灵魂，因为它是由机器创作的。而真正的艺术是由人类的情感、经验和创意驱动的。总的来说，无论是支持还是反对AI绘画，都不能否认它为现代艺术界带来的巨大影响。作为读者，大家可以继续深入了解这一领域，探索AI绘画的无限可能性，并思考它对未来艺术的意义。在接下来的章节中，我们将更深入地探讨AI绘画的创作方法和详细提示词讲解，希望大家能继续与我们一同探索这个充满魅力的世界。

1.1.2 主流人工智能绘画平台及其区别

在AI绘画世界中，一些平台因其独特的特点和广泛的应用而受到了大家的关注。这些平台包括Dalle、Stable Diffusion和Midjourney。接下来，我们将深入探讨这些平台的背景、特点和它们之间的主要区别。

Dalle

Dalle是OpenAI开发的先进人工智能绘画模型，它结合CLIP编码系统进行图像生成。Dalle的优点是可以生成高质量、高分辨率、高多样性的图像，而且可以处理复杂和抽象的概念。Dalle的缺点是需要大量的计算资源和数据来训练模型，而且生成速度较慢，不适合实时应用。截至本书出版时，Dalle-3版本已有了重大更新。

Stable Diffusion

*Stable Diffusion*是由*Stability AI*和*Runway*共同开发的，是*AI*绘画领域的开源项目。这意味着任何人都可以免费访问其源代码，进行修改或创建自己的版本。这种开放性为全球开发者和研究者提供了一个共同的平台，使得*AI*绘画技术得以快速发展。另外，它具有更多的可拓展性，用户可以自己训练大模型和小模型（*LORA*），并使用不同的采样器和参数来控制生成的效果。它可以使用*ControlNet*框架来实现精确绘图等。

Midjourney

Midjourney（简称*MJ*）不仅是一个*AI*绘画平台，更是一个充满活力的社区。在大卫霍尔茨的领导下，该平台鼓励用户分享、讨论和评价生成的图像。这种社交化的特点使得*Midjourney*迅速吸引了大量的用户，并在短时间内建立了一个庞大的用户基础。它易于操作、生成快速、支持多类型图像和灵活地定制化参数调整。同时，它也适用于更广泛的用户和场景，包括个人、企业、教育等方面，是一种重要的创意和商业工具。用户可以使用它来进行艺术创作、教学辅助、设计参考、娱乐消遣等。用户可以在官网上查看和管理自己的作品，版权归自己所有，也可以浏览和收藏其他用户的作品。

1.2 Midjourney出图的优势和缺点

1.2.1 Midjourney出图的优势

随着*AI*技术的迅速发展，*AI*绘画已经成为一个热门的话题。在众多的*AI*绘画工具中，*Midjourney*因其独特的优势而受到了广大用户的喜爱。下面介绍*Midjourney*出图的几大优势。

高质量的出图效果：*Midjourney*使用先进的算法，确保每次出图都能达到高质量的标准。这不仅仅是在分辨率上，更多的是在图像的细节、色彩和纹理上。这意味着用户可以获得更为真实和细致的图像，使得作品更具艺术感和真实感。

稳定的出图效果：不同于其他工具可能出现的不稳定性，*Midjourney*的算法经过大量的训练和优化，确保了其出图的稳定性。这意味着即使是在复杂的场景和需求下，*Midjourney*也能够提供稳定和可靠的结果。

用户友好的操作界面：Midjourney的设计团队非常注重用户体验，其操作界面简洁明了，即使是初次使用的用户也能够轻松上手。此外，其丰富的在线教程和指南也为用户提供了强大的支持。

持续的更新和优化：技术永远在进步，Midjourney团队深知这一点。他们一直在不断地更新和优化产品，引入新的功能和改进算法，确保用户始终能够获得最佳的使用体验。

广泛的社区支持：一个强大的社区是任何工具成功的关键。Midjourney拥有一个活跃的社区，用户可以在社区中分享自己的作品，交流技巧和经验，互相学习和进步。最重要的是可以讨论和对生成的图像评分。高评分的图像不仅会获得免费的GPU，还可以帮助大量使用者学习提示词的写作。这种社交化的特点不仅吸引了大量的用户，而且还增强了用户的黏性。用户可以在平台上分享他们的创意和灵感。

灵活的定制性：Midjourney提供了丰富的参数设置和选项，允许用户根据自己的需求进行定制。这为用户的创作提供了更大的自由度和可能性。

总之，Midjourney凭借其出色的出图效果、稳定的性能、丰富的功能和广泛的社区支持，已经成了AI绘画领域一颗璀璨的明星。无论是专业的艺术家，还是对AI绘画感兴趣的初学者，Midjourney都是不可错过的选择。

1.2.2　Midjourney出图的缺点

AI绘画工具Midjourney虽然在很多方面都展现出了强大的能力，但是它也并不是完美的。下面列出了一些用户和专家们指出的Midjourney的缺点。

手脚结构绘画得不准确：许多用户反映，当使用Midjourney进行人物绘画时，尤其是手脚部分，其绘画的结构往往不够准确。这可能导致绘制出的人物形态看起来不够自然或者略显扭曲。

不可控性：与Stable Diffusion相比，Midjourney在绘图时的可控性较差。Stable Diffusion可以使用ControlNet实现精确绘图，而Midjourney则往往不能完全按照用户的意图进行绘制，这在某些需要精确控制的场景中可能成为一个问题。

清晰度问题：一些用户指出，Midjourney绘制出的图像在清晰度上仍有待提高。尤其是在细节部分，图像可能显得不够精细，这在某些需要高清晰度的应用场景中可能成为一个问题。

风格忽略问题：即使用户给出了更具体的提示，*Midjourney*有时也会忽略所要求的风格，而更倾向于绘制"更好看"的图像。这可能导致用户无法获得他们真正想要的风格效果。

提示词门槛：虽然*Midjourney*的提示词门槛相对较低，但对于某些特定的效果，用户可能还是需要进行多次尝试和调整，这增加了用户的操作复杂性。

	高质量的出图效果	稳定的出图效果	用户友好的操作界面	持续的更新和优化	广泛的社区支持	灵活的定制性	手脚结构绘画得不准确	不可控性	清晰度问题	风格忽略问题	提示词门槛
优势	√	√	√	√	√	√					
缺点							√	√	√	√	√

总的来说，虽然*Midjourney*作为一个AI绘画工具在很多方面都表现得相当出色，但它也存在一些缺点和不足。对希望使用这个工具的用户来说，了解这些缺点将有助于他们更好地利用*Midjourney*，同时也为*Midjourney*未来的发展提供了方向。

1.3　学习AI绘画的意义

1.3.1　使用AI绘画提升美学素养

随着科技的进步，*AI*绘画已经成为艺术和设计领域一个新的趋势。不仅是为了创作出独特的作品，*AI*绘画也为我们提供了一个全新的视角来提升我们的美学素养。以下是通过使用*AI*绘画来提升美学素养的几点建议。

深入理解艺术风格：*AI*绘画工具可以快速地模拟不同的艺术风格，从古典到现代，从东方到西方。通过与这些工具的互动，我们可以更深入地理解各种艺术风格的特点和魅力，从而提升我们的美学鉴赏能力。

创意的无限可能：*AI*绘画不受传统绘画技巧的限制，它可以为我们提供无数的创意可能性。我们可以尝试各种不同的风格和艺术家组合，探索前所未有的艺术语言，从而开阔我们的艺术视野。

学习和实践：虽然AI绘画工具可以为我们提供强大的支持，但真正的美学素养还需要我们不断地学习和实践。通过与AI绘画工具的互动，我们可以更好地理解艺术的本质，学习如何创作出真正有深度和意义的作品。

跨学科的交流：AI绘画不仅仅是艺术和技术的结合，也为我们提供了一个跨学科的交流平台。我们可以与来自不同领域的人进行交流和合作，从而获得更多的灵感和创意。

培养审美观念：在与AI绘画工具的互动中，我们可以不断地调整和优化我们的作品，从而培养我们的审美观念。这不仅是为了创作出更好的作品，更是为了提升我们的美学素养和审美水平。

总的来说，AI绘画提供了一个全新的方式来提升我们的美学素养。它不仅是一个工具，更是一个与艺术和设计深度交流的平台。通过与AI绘画的互动，我们可以更好地理解艺术的本质，提升我们的创意和审美水平。

1.3.2　通过AI绘画寻找绘画灵感并进行绘画辅助

在当今的艺术创作领域，AI绘画技术正逐渐成为一种新的、受到广大艺术创作者欢迎的工具。这种技术的出现，为艺术创作者们打开了一个全新的创作维度，使他们能够从传统的创作方式中跳脱出来，探索更多的可能性。

首先，AI绘画技术为艺术家提供了一个宝贵的资源库。过去，艺术家们往往需要长时间地观察、思考，甚至进行多次尝试，才能找到自己满意的创作灵感。而现在，他们可以利用AI绘画技术，快速地从大量的图像数据中提取出有价值的视觉元素和组合，这大大缩短了艺术创作者寻找灵感的时间。

其次，AI绘画技术的另一个显著优势在于其对多种艺术风格的模拟和融合能力。传统的艺术创作往往受某一种风格或流派的限制，而AI绘画技术则打破了这一局限。艺术家们可以轻松地在一个作品中结合古典与现代、东方与西方的元素，创作出真正独特的新风格。这种风格的创新，不仅为艺术家们带来了更多表现的空间，而且为观众提供了更丰富和多样的艺术享受。

最后，对于那些技术性强或难以掌握的绘画技巧，AI绘画技术同样可以为艺术家提供强大的支持。在传统的绘画过程中，艺术家们可能因为某些技术难题而感到困扰，而现在，他们可以利用AI绘画工具，如自动完成复杂的光影处理或图像生成，轻松地解决这些问题。这使得艺术家们可以更加专注于艺术创作本身，而不是被技术难题所困扰。

1.4 如何使用Midjourney

1.4.1 注册Discord账号及订阅Midjourney会员

在数字化时代，社交平台和应用程序已经成为人们日常生活中不可或缺的一部分。其中，Discord已经成为一个独特的存在，它不仅仅是一个语音、文字和视频聊天程序，更是一个集合了各种社区、团队和兴趣小组的大家庭。而Midjourney作为一个运行在Discord上的AI绘画软件，为艺术创作者提供了一个全新的创作平台。

注册Discord账号

要开始使用Midjourney，首先需要有一个Discord账号。访问Discord的官方网站，会看到一个醒目的"注册"按钮。单击后，系统会提示输入邮箱、设置密码和选择一个用户名。完成这些基本信息后，就可以收到一封验证邮件，单击邮件中的超链接，即可完成注册。值得一提的是，Discord不仅支持浏览器版本，还有桌面和移动应用版本。这意味着，无论身处何地，都可以随时随地使用Discord进行AI绘画创作。

订阅Midjourney会员

注册完Discord账号后，在左下角会出现"探索可发现的服务器"，单击后第一个就是Midjourney。下一步就是订阅Midjourney会员（目前MJ已经不提供新账号免费的出图额度）。Midjourney提供了多种会员计划，以满足不同用户的需求。基础会员计划每月8美元，提供200张图的出图额度；标准计划每月30美元，提供15小时的快速模式服务器使用时长；而专业计划则每月60美元，提供30小时的快速模式服务器使用时长。

Midjourney会员政策

Midjourney为用户提供了一系列的订阅计划，以满足从业余爱好者到专业艺术家和大型企业的不同需求。以下是对每个计划的详细解释。

基础计划（Basic Plan）是为初学者和业余爱好者设计的。以每月10美元或年付96美元的价格，用户可以获得3.3小时的快速GPU时间和无限的Relax GPU时间。这一计划非常适合那些希望体验AI绘画，但不需要大量GPU时间的用户。

对于经常使用AI绘画的艺术家和设计师，标准计划（Standard Plan）更合适。价格为每月30美元或年付288美元。提供15小时的快速GPU时间，无限的Relax GPU时间和3个并发快速作业。

专业计划（Pro Plan）是为专业艺术家、设计师和中小型企业量身定制的。以每月60美元或年付576美元的价格，用户不仅可以获得30小时的快速GPU时间和无限的Relax GPU时间，还可以享受Stealth Mode（隐身）功能，同时有12个快速任务并发。

最后，对于大型企业和创意工作室，Mega计划是最佳选择。价格为每月120美元或年付1152美元。这一计划提供了丰富的功能，包括60小时的快速GPU时间、无限的Relax GPU时间、Stealth Mode功能，以及12个快速任务并发限制。

如何取消订阅

如果决定取消订阅，可以随时访问Midjourney的账户页面进行操作。取消订阅后，仍然可以访问之前生成的所有图像，但可能无法使用某些会员功能。此外，如果在取消订阅后决定重新订阅，可以随时访问Midjourney的账户页面重新选择所需的计划。

	注册Discord账号	订阅Midjourney会员	基础计划	标准计划	专业计划	Mega 计划	如何取消订阅
步骤/内容	访问Discord官网，输入邮箱、设置密码和用户名，单击验证邮件超链接完成注册	选择合适的会员计划进行订阅	每月10美元3.3小时快速GPU时间，无限Relax GPU时间	每月30美元，15小时快速GPU时间、无限Relax GPU和3个并发快速作业	每月60美元，30小时快速GPU时间、无限Relax GPU、隐身功能和12个快速任务	每月120美元，60小时快速GPU时间、无限Relax GPU、隐身功能和12个快速任务	访问Midjourney账户页面，选择取消订阅
适用人群	所有用户	所有用户	初学者和业余爱好者	经常使用AI绘画的艺术家和设计师	专业艺术家、设计师和中小型企业	大型企业和创意工作室	所有订阅用户

1.4.2　Midjourney的个人服务器和机器人使用

在 *Discord* 上，服务器是一个独特的概念，它允许用户创建一个专属的空间，用于集结朋友、团队或同好。而 *Midjourney* 机器人则是这个空间中一个特殊的成员，它可以为用户提供 *AI* 绘画服务。以下是关于如何在 *Discord* 上设置 *Midjourney* 个人服务器和机器人的详细步骤和建议。

创建个人服务器

登录 *Discord* 账号，单击左侧的"+"图标开始创建。选择"亲自创建"→"供我和我的朋友使用"选项，并为服务器命名，然后上传一个代表性的图标即可完成。一旦服务器创建完毕，就可以分享邀请链接，邀请朋友或团队成员加入。接下来在 *Midjourney* 的频道中找到 *MJ bot*，单击后选择"添加到服务器"选项，即可将机器人添加到自己的服务器中。

第 2 章

Midjourney 参数与命令介绍

2.1 Midjourney主页、社群及App介绍

2.2.1 Midjourney主页社群及特定风格频道

*Midjourney*作为一个独立的研究实验室,致力于探索新的思维媒介并扩展人类的想象力。这个平台不仅仅是一个*AI*绘画工具,它为用户提供了一个完整的创作和交流社区。以下是对*Midjourney*主页及其社群和特定风格频道的详细描述。

Midjourney主页概览

*Midjourney*的主页(*www.midjourney.com*)展示了最新的热门*AI*艺术组图作品(图2-1)。大家从中可以学习和了解*AI*创作的概括。在右边区域也可以看到*Midjourney*的*Office Hours*,大家可以参与到官方的办公室会议中了解*MJ*的最新进展。

图2-1 热门AI艺术组图作品

社群互动

*Midjourney*的社群是其核心的一部分,为用户提供了一个与其他创作者交流和分享的平台。主页上列出了多个*Discord*版主和指导者,这些人在社群中起到了关键的作用,帮助新用户熟悉平台、解答疑问,并确保社群的和谐运作。

特定风格频道

*Midjourney*为用户提供了多个特定风格的频道（抽象频道、环境频道、角色频道等，如图2-2所示），这些频道涵盖了各种不同的艺术风格和技术。用户可以根据自己的兴趣和需求选择加入这些频道，与同样对某一风格感兴趣的创作者交流和合作。

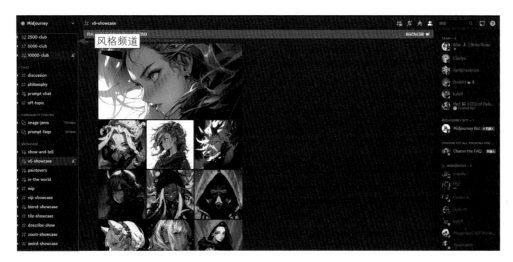

图2-2 风格频道

语音频道

*Midjourney*的语音频道为用户提供了一个与团队和其他社群成员实时交流的机会（图2-3）。在这里，用户可以分享自己的创作，获取反馈，了解平台的最新动态和更新。官方会议也会在这里开展（通常在美国时间介绍MJ的进展和发展方向）。

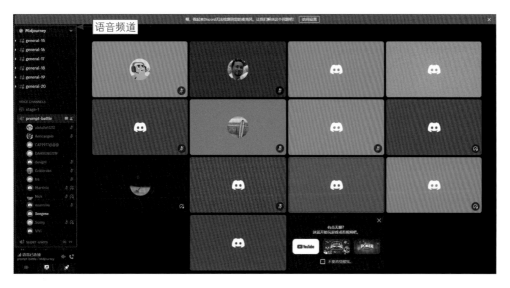

图2-3 语言频道

讨论和问题反馈频道

*Midjourney*非常重视用户的反馈，因此设有专门的讨论和问题反馈频道。用户可以在这里提出自己对平台的建议、报告遇到的问题，或者与其他用户讨论技术和艺术问题（当出现订阅问题时可以反馈或寻求帮助）。

1000-club~10000-club导师频道

这是一个专为使用了一定量GPU用户设立的俱乐部（图2-4），只有那些在平台上有着丰富图像生成经验的用户才能加入，他们被称之为AI艺术导师。我们可以在这里与最高水平的AI艺术家进行交流和探讨，也能看到他们的前沿AI艺术实践分享。

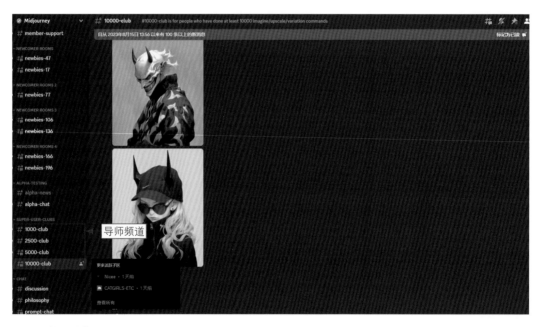

图2-4　导师频道

总的来说，*Midjourney*不仅为用户提供了一个强大的AI绘画工具，还为他们打造了一个完整的社群，帮助他们与其他创作者交流、分享与合作，不断提高自己的技能和创作水平。无论是经验丰富的艺术家，还是刚刚开始探索AI绘画的新手，*Midjourney*都能提供一个独特的创作和交流体验。

2.2.2 Midjourney图像库的使用及下载

*Midjourney*图像库是MJ（niji）最重要的功能之一，在这里可以看到最优质的AI生成的图像和社群中评分较高的作品。以下是对*Midjourney*图像库的详细介绍。

主页（Home）

首次访问*Midjourney*图像库（图2-5所示），用户会被带到自己生成图像的主页。这里展示了用户最新和最受欢迎的*AI*生成的艺术作品（登录账号后访问*www.midjourney.com/app*）。用户可以给自己的图像创建图像合集来管理这里作品，也可以通过右上角的*Enable Select Mode*按钮来批量下载自己的作品备份。

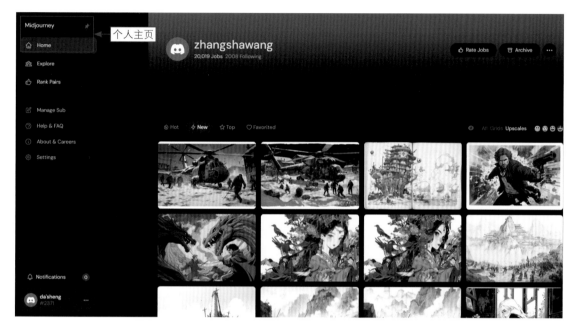

图2-5 个人主页

探索（Explore）

在社区的*Community Feed*部分（图2-6所示），用户可以更深入地浏览图像库中的内容。这里有多种筛选选项，允许用户根据自己的兴趣和需求找到他们想要的图片。在每张图片上都有一些操作选项。如保存完整的提示词，这允许用户查看生成该图像的完整提示词；在网页中打开该图像，这为用户提供了一个更大的视图，以更详细地查看图像；报告问题，如果用户发现图像有任何问题或错误，可以使用此选项向*Midjourney*团队报告；收藏图像到最爱，用户可以将自己喜欢的图像添加到自己的收藏夹中，以便日后查看；跟随自己喜欢的作者，如果用户特别喜欢某个作者的作品，可以选择关注该作者，这样自己可以更容易地找到该作者的新作品。

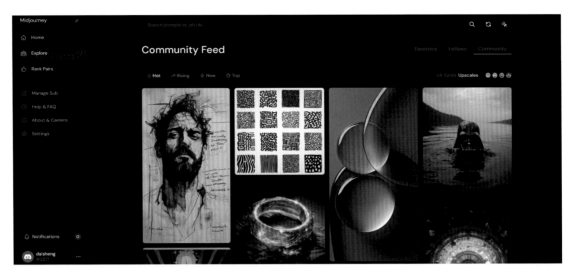

图2-6　探索页面

排名（Rank Pairs）

在排名页面（图2-7所示），用户可以对作品进行打分，评分有助于MJ改进算法，来提升图像的质量和美学表现。

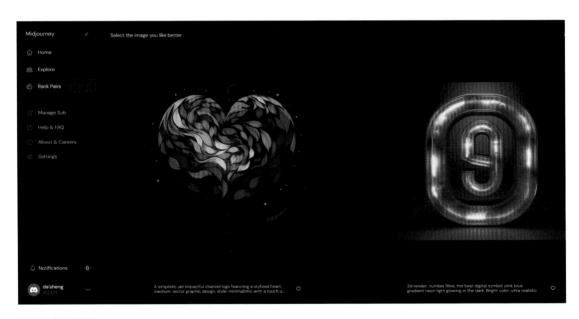

图2-7　排名页面

2.2.3　如何获取Midjourney免费的GPU奖励

要获取免费的GPU奖励，可以按下面的方法操作。

*Midjourney*为鼓励用户积极参与，提供了多种获取免费GPU奖励的方式。

参与评分：积极参与图库中的作品评分，将有机会将获得1小时的免费快速GPU时间。

作品获得高评分："*You have been awarded 1 free fast hour of GPU time for making it to the Top 2000 users who've rated images in the gallery today!*"（图 2-8）如果你的作品在社区中获得高评分，则你也有机会获得免费的GPU时间作为奖励。

参与社区活动：*Midjourney*经常举办各种社区活动，如绘画比赛、主题挑战等。参与这些活动并获得好成绩，你也可以获得免费的GPU时间。

总的来说，*Midjourney*鼓励用户通过多种方式积极参与社区活动，分享知识和经验，并为此提供了丰厚的奖励。无论是新手还是资深用户，都有机会获得免费的GPU时间，进一步探索AI绘画的魅力。

图2-8　获得GPU奖励

2.2　Midjourney版本特性介绍

2.2.1　V系列版本介绍

V系列是*Midjourney*最初且最核心的系列版本，从发布之初，便以其独特的艺术效果、快速的出图时间和便捷的交互模式受到了大众的追捧。在MJ之前的*Disco Diffusion*人工智能绘图平台上，生成一张图平均需要30分钟～1小时。MJ的出现真正让大家用上了"所想即所得"的AI绘图工具。V系列整体风格和艺术特性更接近真实性的表达：细腻的绘画纹理和逼真的质感，几乎让我们无法分辨作品究竟是AI生成的还是人工绘制的。在图2-9中我们可以看到V1～V5.2版本根据同一组提示词生成的内容，了解不同版本的效果变迁。

图2-9　A beautiful landscape rural field watercolor painting --ar 16:9

版本分别为：V1、V2、V3、TEST、V4、V5、V5.1、V5.2

2.2.2　niji系列版本介绍

如果你是一个喜欢二次元动漫的人，那么你一定会对niji系列感兴趣。niji系列是专门针对二次元动漫风格的AI绘画生成器，它可以根据用户的文字描述生成一张动态的动漫图片。用户可以用niji系列来创作动漫角色和场景，或者模仿自己喜欢的动漫作品和风格。niji系列可以让人们体验到AI绘画带来的乐趣和惊喜，让人们的动漫梦想成为现实（niji系列是由Midjourney和Spellbrush合作开发的。Spellbrush是一个专注于二次元AI绘画技术的团队，曾经开发过著名的Waifu Labs——一个可以生成高质量二次元角色头像的网站）。

之所以开发这个系列，是因为他们看到了二次元动漫市场的巨大潜力和需求，以及用户对于创作自己喜欢的动漫角色和场景的渴望。他们希望通过这个系列，让用户能够轻松地实现自己的动漫梦想，享受AI绘画带来的乐趣和惊喜。niji系列目前已经推出了两个版本，分别是niji 4和niji 5。每个版本都有自己的特点和优势，下面我们来简单介绍一下。

niji 4：这是niji的第一个版本。它可以根据更复杂的文字描述生成一张动态的动漫图片。

niji 5：这是niji目前最新也是最先进的版本。它在原有的基础上新增了4种模式：cute、scenic、original和expressive。cute模式可以使生成的图片更萌和具备水彩质感；scenic模式可以生成更好的风景场景；original模式可以让生成的图片更具动漫和二次元的风格；expressive模式可以让生成的图片更加立体和更具欧美风。niji 5生成的图片综合了4种模式的风格（图2-10）。

图2-10

图2-10　A beautiful landscape rural field watercolor painting --ar 16:9
版本分别为：niji 4、--style original、--style scenic、--style cute、niji 5、--style expressive

2.3 Midjourney创作原则及方法介绍

2.3.1 Midjourney创作原则及提示词公式介绍

*Midjourney*的提示词写作并非易事，但如果掌握了方法，就可以较好地进行提示词的写作，从而生成高质量的图像。利用*MJ*公式，可以灵活地控制图像的内容、风格、色彩、细节等方面，让用户可以自由地表达自己的想法和创意。那么，如何编写一个有效的*Midjourney*提示词呢？提一个好的提示词应该遵循以下几个原则。

简洁明了：提示词应该尽量简单清晰，避免使用过于复杂或模糊的语言（具象且形象的词汇），以免造成*Midjourney*的混淆或误解。

具体细致：提示词应该尽量具体、细致，提供足够的信息和细节（例如，描写人物时，可以细致地阐述五官特征、头发样式、服饰特点、高矮胖瘦等），以便*Midjourney*能够准确地理解用户的需求和意图。

逻辑连贯：提示词应该尽量逻辑连贯，避免使用矛盾或不合理的语言，以免造成*Midjourney*的困惑出现错误。

创意独特：提示词应该尽量创意独特，展示用户的个性和风格，以便*Midjourney*能够生成有趣和惊喜的图像。

除了以上原则，我们可以使用一个公式帮助用户编写更好的提示词，下面我们来介绍一下公式的主要构成。

主体/主题词+细节词（丰富主体的要素和细节）+镜头词/构图（限定构图和视角）+灯光词（明确灯光类型和效果）+风格词/艺术家词（非常重要！用于凸显影响作品的主要风格流派或者艺术家）+其他参数（否定词、S值、C值、IW等）+模型版本（V系列或者*niji*系列的具体版本）+图像画幅。

在整个提示词公式中，核心是主体和艺术家词，它们对画面的最终效果有着最大的影响。所以我们尤其要重视主要内容的选择和创意，以及挑选适合主题的艺术家。而其他部分通过合适的设置也可以影响画面的最终效果。

其中，我们要注意虚词的用法。虚词常用的是情感词、抽象词和与画面联系不紧密的词语。它既可以丰富画面效果和情感特征，也可以为画面注入让人意想不到的元素和内容（图2-11）。

图2-11 虚词的使用

在图2-11中我们分别输入提示词：*A portrait of a captain*、*A portrait of the evil captain*、*A portrait of captain with emperor like rule*、*A portrait of the captain who hit the soul*。第一张图即船长的肖像，在图像中较好地复刻了角色但并没有任何额外的元素。在此基础上我们引入一个虚词（情感词）：一个邪恶的船长，从图像中也可以看出画面的眼神、背景和表情都变得更加充满邪恶气息，具备凶狠的特征。接着我们尝试引入虚词（抽象词）：一个像帝王般的船长。在图像中我们看到人物服装变得更豪华，背景的宫殿和手扶的狮子进一步衬托了他的身份特征。最后一张图我们引入虚词（与画面联系不紧密的词）：一个直击人灵魂的船长。这种词会给AI更大的随机发挥空间，让画面充满更多的变数和意外。

除此之外，还可以使用垫图、参数、引号等具体参数来引导和完善提示词。通过多种手法可以使提示词变得充满魔力。

2.3.2　利用ChatGPT插件生成Midjourney的提示词

*ChatGPT*作为当下最强大的语言模型，在生成提示词方面也有不错的作用，它可以作为写作提示词的有效补充，在我们需要灵感时可以使用*ChatGPT*来生成提示词。这里将介绍两种方法辅助生成提示词。

第一种是利用*ChatGPT*本身的能力来生成提示词（图2-12）。

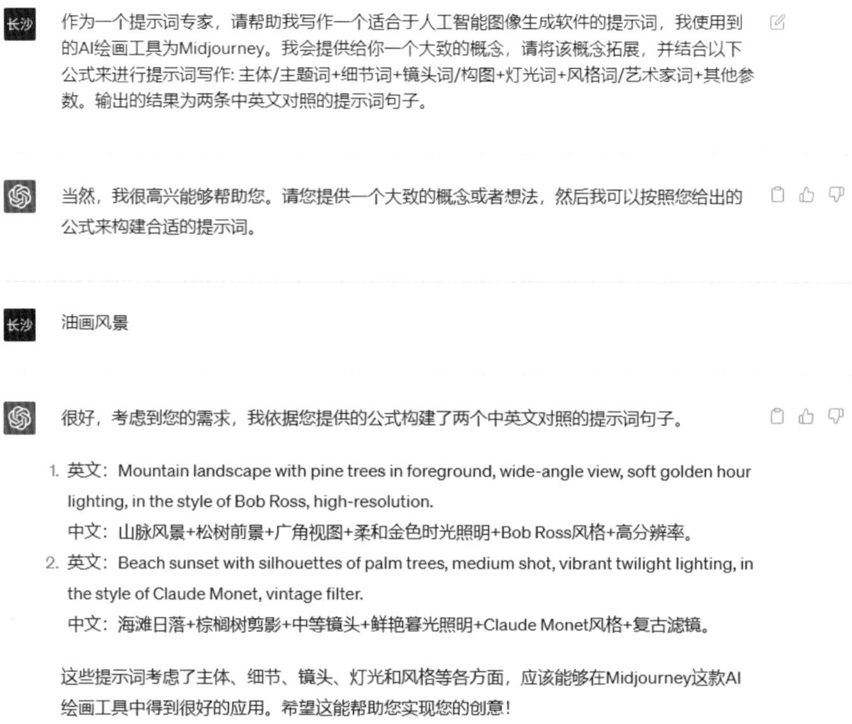

长沙

作为一个提示词专家，请帮助我写作一个适合于人工智能图像生成软件的提示词，我使用到的AI绘画工具为Midjourney。我会提供给你一个大致的概念，请将该概念拓展，并结合以下公式来进行提示词写作: 主体/主题词+细节词+镜头词/构图+灯光词+风格词/艺术家词+其他参数。输出的结果为两条中英文对照的提示词句子。

当然，我很高兴能够帮助您。请您提供一个大致的概念或者想法，然后我可以按照您给出的公式来构建合适的提示词。

长沙

油画风景

很好，考虑到您的需求，我依据您提供的公式构建了两个中英文对照的提示词句子。

1. 英文：Mountain landscape with pine trees in foreground, wide-angle view, soft golden hour lighting, in the style of Bob Ross, high-resolution.
   中文：山脉风景+松树前景+广角视图+柔和金色时光照明+Bob Ross风格+高分辨率。
2. 英文：Beach sunset with silhouettes of palm trees, medium shot, vibrant twilight lighting, in the style of Claude Monet, vintage filter.
   中文：海滩日落+棕榈树剪影+中等镜头+鲜艳暮光照明+Claude Monet风格+复古滤镜。

这些提示词考虑了主体、细节、镜头、灯光和风格等各方面，应该能够在Midjourney这款AI绘画工具中得到很好的应用。希望这能帮助您实现您的创意！

图2-12　利用ChatGPT生成提示词

第二种则是借助于*ChatGPT*的插件来生成提示词，它受到了更多的提示词的写作训练。这里我们用到了*ChatGPT*4.0中的*Plugins*模式，同时下载并使用*Photorealistic*插件来完成提示词的生成。在结果中我们发现它给了比原版*ChatGPT*更丰富和详尽的描述，这有助于我们获得更多的提示词灵感（图2-13）。

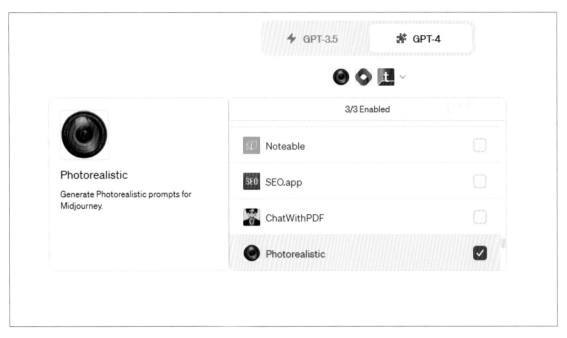

图2-13 利用ChatGPT的插件生成提示词

2.3.3 利用谷歌翻译来辅助撰写提示词

考虑到许多使用者的母语为中文,我们需要使用翻译工具来将其翻译为英文,从而更好地写作提示词。虽然niji已经支持了使用中文、日文、韩文的输入。但是大部分图像的训练数据源是基于英语语言的,所以更推荐大家使用英语去进行提示词的撰写。目前常用的提示词翻译工具有百度翻译、DeepL、有道等,但是最推荐的是ChatGPT和谷歌的翻译功能,能够更准确地翻译中英文内容(图2-14)。

图2-14 谷歌翻译辅助

需要注意的是,Midjourney不太会区别英文大小写,所以我们在创作提示词时不必纠结于此。另外,提示词中即使有个别英文单词的个别字母拼写错误,也不太影响最终的出图效果。

2.4 Midjourney常用参数命令设置

2.4.1 Midjourney命令区域的使用方法及imagine功能

进入个人服务器后,可以在下方输入英文符号/,会弹出若干可以用来进行操作的命令,使用频率最高的是/imagine命令,输入/im即可弹出相应的全称(图2-15)。

而在左边的加号位置,可以单击,会出现上传文件(也可以将图像直接拖到操作界面来实现图像上传功能)、创建子区及输入/符号等操作按钮(图2-16)。

图2-15 MJ命令区域

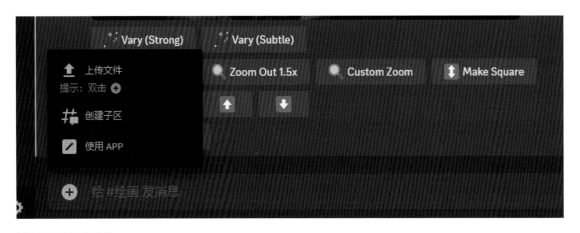

图2-16 MJ上传功能

在开始创作图像时，可以输入/imagine，同时输入提示词以生成图像。在界面中有U和V两个选项。U代表放大，V代表再变化。U1、U2、U3、U4分别代表左上图、右上图、左下图和右下图。V同理。如果对生成的图像不满意，可以单击V按钮进行再变化。当然，如果没有合适的，也可以单击最右边的🔄符号，这意味着重新按照命令生成提示词，这就避免了再用imagine输入提示词的烦琐操作（图2-17）。

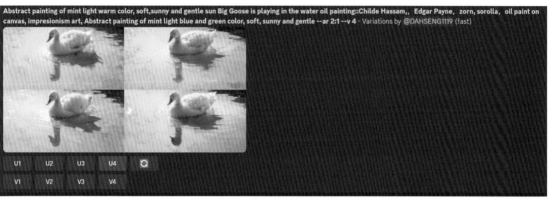

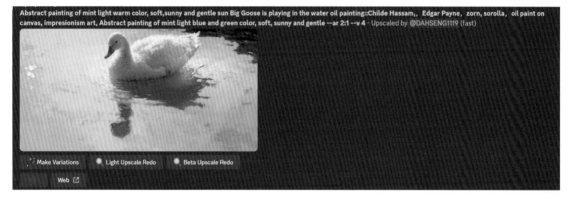

图2-17 图像重做与变化

重做后，就可以看到基于原来图像的再变化内容，这批图像保留了主要的构图、色彩等要素，因此我们可以选择继续变化或者放大其中合适的图像。

在不同的模式下有不同的选项。在V4中我们可以选择Light Upscale Redo或者Beta Upscale Redo模式，一个光线环境更逼真，另一个更富有质感（推荐Beta Upscale Redo）。另外的■选项则可以帮助我们收藏内容到自己的收藏夹（网页中查看），单击Web按钮则是将图片在网页中打开（打开后可以原图保存）。

我们在Discord中点击图片可以查看放大后的图像，同时单击鼠标右键可以看到几个选项。比较重要的是保存图片功能，可以设置图片保存路径保持到本地，也可以打开链接（在网页中保存）。另外，也可以在我们的图库主页中批量保存图片。

2.4.2 提示词中的符号与权重参数的使用

权重是AI绘画一个非常重要的概念，MJ的权重参数（–iw或者使用双冒号::）定义了用户提供的提示词在命令中的重要性，通过调整权重，用户可以得到更符合自己期望和需求的图像。对于图片链接，也可以设置权重，以加深对画面最终效果的影响。

例如，在以下两个命令中：

左图/imagine prompt:A BOOK::, A teapot

右图/imagine prompt: A BOOK::5, A teapot

第一个命令表示用户想要生成一幅与书本和茶壶相关的图像，其中书本和茶壶都有相同的默认权重。第二个命令书本的权重5比茶壶的默认权重1要高很多，因此结果几乎都以书为主。

在使用权重时，用户需要注意以下几点。

权重是相对的，只有在比较不同的提示词或图片时才有意义。权重没有必要设置得太高或太低，一般在0.5～2就可以。如果将权重设置得太高或太低，就会导致另一个提示词或图片被忽略或消除（图2-18）。权重在不同的模型版本中有不同的范围和效果。在V3中，权重可以是任何值；在V4中，权重功能不存在；在V5中，权重只能在0.5～2范围内。

图2-18 权重

权重不能用于多个图片提示。如果使用多个图片提示，那么它们都会接收相同的总体权重进行处理。图片权重参数值越高，生成的图片效果就越接近于图片提示的风格；图片权重参数值越低，生成的图片效果就越接近于文本提示的内容。

权重不仅可以用来控制元素的数量或比例，还可以用来控制元素的其他属性，例如颜色、形态、位置等。通过调整权重，可以实现不同的绘画效果，也可以增加绘画作品的多样性和创意。

2.4.3 叠图、blend命令及seed参数的使用

使用叠图/以图生图功能能帮助我们更好地模仿上传图像的效果，以更加精确地绘图。在MJ中，以图生图时会和原图有所区别（或调整了角度，或反转了方向等）。

使用叠图/以图生图功能的方法如下所述。

1. 击+号上传图像/或者直接拖入图像。

2. 完成图像的上传后，图像会显示在工作窗口中。单击鼠标右键，选择"复制图片地址"命令。然后单击空白处退回观看图像状态。

3. 输入/imagine命令，按键盘上的Ctrl+V组合键粘贴之前复制的图片地址，接下来按空格键（空格用来区分图片地址和提示词命令），输入提示词命令，即可开始生成图像（图2-19）。

图2-19　粘贴图像链接

第二种混合图像的模式为使用blend命令，它可以将多张图片融合为一张新的图片。单击Drag and drop or click to up load file即可上传。Midjourney支持上传多张图像。通过上方显示的dimensions可以设置不同的图像类型，分别为肖像、方形和风景。其中宽高比是不同的。肖像的比例默认为--ar 2:3，风景为--ar 3:2，方形则为长宽相同的比例。在实际操作时可以通过输入/blend命令来调用。在MJ和niji模型中都可以使用这个功能。其优点是操作简单，但缺点是无法输入提示词（图2-20）。

图2-20　图像混合

第三种控制图像的方法为使用Seed值。在生成图像时，MJ会随机调用Seed值来生成4张草图。Seed值都是随机值，所以我们会看到每次重做图像都不尽相同。因此，当Seed值固定时，可以生成相同的图像。

获取Seed值

当我们利用MJ生成图像后，可以将鼠标指针放在右边的三个小点上，它会显示"更多"二字（图2-21）。

图2-21　显示"更多"

单击"更多"选项后，找到信封图标（或者在"添加反应"菜单中找到，如果没有请单击"显示更多"选项，在显示的更多物品类别中找到），单击信封图标，如图2-22所示。

第2章　Midjourney参数与命令介绍

图2-22　找到信封图标

然后在右上角的收件箱中即可找到作品的Seed值，当我们使用该Seed值时即可生成一模一样的作品，如图2-23所示。

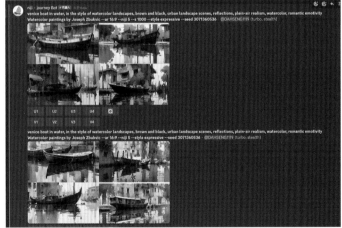

图2-23　找到Seed值并应用

2.4.4　否定词、完成度、重复生成及比例参数的使用

如果希望画面中的某个元素被排除或者削弱时，可以使用否定词的命令——在提示词描述后面加入--no提示词。例如，输入天空中五颜六色的彩虹，同时加入否定词，命令为The colorful rainbow in the sky, --no red --ar 3:1（加入否定词前后效果对比如图2-24所示）。

图2-24 加入否定词前后效果对比

另外,我们可以使用Stop命令来设置图像的完成度(不常用)。

在MJ中,Stop的默认值为100。也就是说,图像的默认完成度是100%,若想看到图像的生成过程或者想要得到过程图片,我们可以使用Stop命令(图2-25)。

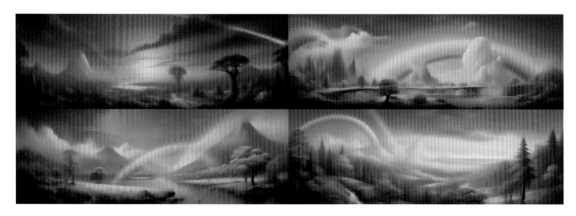

图2-25 Stop命令:The colorful rainbow in the sky oil painting, --stop 60 --ar 3:1 --v 5.2

在用Midjourney生成经常用到重复命令,毕竟大多数时候一次生成的效果不一定理想,要通过多次重做找到更好的效果。使用时在提示词后面加入--repeat 即可(图2-26)。

针对不同等级的订阅用户，重做的数量是不同的。

--repeat 对于基本订阅者接受值为2～4。

--repeat 对于标准订阅者接受值为2～10。

--repeat 对于 Pro 和 Mega 订阅者接受值为2～40。

--repeat 参数只能在 Fast 和 Turbo GPU 模式下使用。

需要注意的是，批量生成会极其快速地消耗GPU，所以在有把握的情况下再使用这个功能。在使用时，我们也可以配合C或者S参数来增加更多的可能性。

当输入提示词后单击YES按钮，确认进行重复生成即可弹出对应重复数的生成任务。

图2-26 重复命令

当我们写好合适的提示词时，可以通过这个功能反复多次重做图像，每次都是随机的种子，都有不同的可能性，特别是优质的提示词组合，重做有更大的概率获得更好的图像。在这里我重做了12次，获得了两张较为满意的图像（图2-27）。

图2-27

图2-27 A beautiful girl, Give you my soul, Klein pink and green and blue, by Georges Seurat, by Agnes Lawrence Pelton, Beautiful hyperrealism, 16k, best quality, crisart --ar 2:1 --s 300 --niji 5

2.4.5 chaos、stylize、style和quality参数控制画面输出结果

　　*chaos*参数用于控制生成图像的混乱值，即初始图像网格的变化程度。用户可以通过在提示词后面加上--*chaos*或--*c*来启用该参数，其取值范围为0～100，默认值为0。*chaos*参数值越高，生成的图像就越不寻常和意想不到，可能有更多的创意和惊喜。*chaos*参数值越低，生成的图像就越可靠和可重复，可能更接近提示词的内容（找到了稳定有效的提示词后，可以不设置C值）。例如，图2-28所示分别为设置C值=0（左）、C值=50（右）生成的图像，以较低参数值生成的图像更加规整和一致。

图2-28　Santorini, GreeceVibrant Ink And Luministic Oil Painting, in the style of Erin Hanson & Mordecai Ardon & Joseph Zbukvic & Georges Seurat & Agnes Lawrence Pelton, cinematic lighting, long shadows, saturated contras --ar 2:1 --c 50 --niji 5

*stylize*参数用于控制生成图像的风格化程度，即*Midjourney*的默认美学风格应用于图像的强度。用户可以通过在提示词后面加上--*stylize*或--s来启用该参数，其取值范围为0～1000，默认值为100。*stylize*参数值越高，生成的图像就越具有艺术性和创造性，可能有更多的形式和构图，但与提示词联系少。*stylize*参数值越低，生成的图像就与提示非常匹配，但艺术性较差。

图2-29分别为设置S值为默认、300、500、1000的图像。可以看出，使用较高的*stylize*参数值生成的图像更加抽象和富有表现力，而使用较低的*stylize*参数值生成的图像更加具体和写实。

图2-29　Levi ackerman from Attack on Titan, age 25, with his girlfriend, a silver long hair cool girl, Erin Hanson and Obata Takeshi style, Jujutsu Kaisen style, dramatic, oil painting, colorful --ar 2:1 --v 5.2

Style参数微调了一些 Midjourney 模型版本的美感。添加样式参数可以帮助用户创建更加逼真的图像、电影场景或更可爱的角色。

V5.2版本和之前的V5.1版本接受 --style raw（图2-30为V5.2）。

图2-30　Beautiful flower --style raw --v 5.2

--style raw 参数减少了默认的 Midjourney 美学的影响，并且非常适合想要更好地控制图像或更多摄影图像的高级用户。

quality参数用于控制生成图像的输出质量，即生成图像所花费的时间和资源。用户可以通过在提示词后面加上--quality或--q来启用该参数，其默认值为1。--quality 仅接受当前模型的值：0.25、0.5和1。较大的值向下舍入为1。更高质量的设置需要更长的时间来处理并产生更多细节。较高的值还意味着每个作业使用更多的GPU时间。质量设置不会影响分辨率。更高的质量设置并不总是会生成更好的图像，有时较低的质量设置反而能产生更好的结果，具体取决于尝试创建的图像类型。较低的质量设置可能最适合抽象外观。更高的质量值可以改善受益于许多细节的建筑外观。

我们分别使用0.25、0.5、1（默认值）3种q值生成3张图像（图2-31）。

可以看出，使用较高的quality参数值生成的图像更加清晰和逼真，而使用较低的quality参数值生成的图像更加抽象。

图2-31 London building landscape, illustration, vector, cartoon, cartoon, 32k, --ar 1:1 --v 5.2

2.4.6　Info、setting面板参数、Remix和High Variation Mode设置

在MJ命令区域可以输入Info命令，查看账户的运行情况。尤其重要的是可以查看当下的任务模式、可见模式和剩余额度。

Subscription：*Pro*（*Active monthly, renews next on* 2023年9月4日晚上8点13分）［订阅信息：*Pro*版本。下次激活订阅的时间为2023.9.4号晚上8点13分（付费续订）］。

Visibility Mode：*Stealth* 任务模式"隐身"。对应的标准会员任务模式是"公开"模式（隐身意味着生成的图像不会展示在MJ图库中，别人无法看到。在*Pro*及以上的订阅中可以设置。）

Fast Time Remaining：15.79/30.0 *hours*（52.64%）［这个数值比较重要，需要关心目前使用的快速GPU状况，这里显示账户目前剩余15.79快速GPU，意味着还有一半的快速GPU用量（使用完后会进入到放松模式，生成等待时间会比较长）］。

Lifetime Usage：19568 *images*（293.21 *hours*）（到目前为止，已经使用的情况。共生成19568张图片）。

Relaxed Usage：4183 *images*（56.79 *hours*）（到目前为止，已经使用的放松模式生成情况。共生成4183张图片）。

Queued Jobs（*fast*）：0 *Queued Jobs*（*relax*）：0 *Running Jobs*：*None*（待处理的任务）。

在MJ命令区域可以输入/settings，打开设置面板（MJ和niji都可以进行设置，二者的具体设置功能是不同的）。通过面板设置我们可以进行模型版本模式的调节、不同的风格（*Style*）设置及其他功能参数的设置。

使用最多的是版本模式，在图片中可以看到，V系列显示了当下最新的5.2模型。单击可以切换到任何其他模型版本（切换后该模型成为默认模型，这意味着所有的出图内容都是根据默认模型生成的。假如，在提示词最后手动输入模型--v 5.2，那么MJ会根据最终的命令来适配模型。）

风格也是比较常用的功能，V系列中有raw风格，而niji系列中包含4种不同的风格，每个风格都独具特色。

面板中的Stylize也可以进行初始默认值的调整。在默认100的基础上，我们调整得更高或者更低来操控图像的生成。但是更推荐不调整，可以在提示词的结尾输入--s 500等关键词来针对性地进行控制。

除此之外，面板有隐身模式的开启按钮，开启后会显示Public mode，这意味着我们可以切换回公共模式。还有比较有用的Remix mode模式和高变化（High Variation Mode）模式（图2-32）。

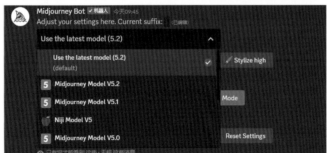

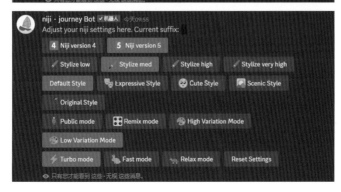

图2-32 设置面板

在Remix模式中，我们可以进行图像的混合运算操作，这与前文讲到的单纯的V变化是不同的。使用Remix模式更改提示、参数、模型版本或变体之间的纵横比。Remix将采用起始图像的总体构图并将其用作新作业的一部分。重新混合可以帮助用户改变图像的设置或照明、发展主题或实现棘手的构图，这将使生成变得更加具有可控性。

我们在设置面板中打开Remix模式（图2-33）。

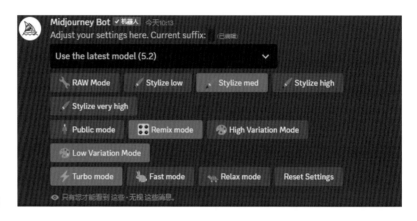

图2-33　Remix模式

图2-34　变体生成

我们在设置面板中打开Remix模式后，在提示词中输入Classic still life oil paintings by Georges Seurat --v 5.2。在生成图像后，如果想要在图2的基础上增加一些蓝色调的感觉，即可单击下方的变体后输入：blue color，Classic still life oil paintings by Georges Seurat来进行变体生成（图2-34）。

与此相似的是高变体功能，使用高变化模式和低变化模式设置来控制使用这些按钮创建的变化量。

使用高变化模式（强烈）时，单击变化按钮将生成新图像，该图像可能更改图像内的构图、元素数量、颜色和细节类型。高变化模式对于基于单个生成的图像创建多个概念非常有用。低变化模式（微妙）产生的变化保留了原始图像的主要构图，但对其细节引入了微妙的变化，此模式有助于细化或对图像进行细微调整。究竟是高度变体还是细微调整取决于我们的需求。

从图2-35中（原图、低变体、高变体）可以看出，低变体可以帮助我们微调完善画面的构图和细节，高变体则会更改构图和内容形式。

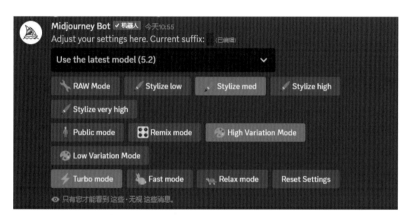

图2-35　woman on horseback jumping over a cliff, minimalist screenprint, in the style of modernist woodblock-inspired prints, red white and black, farm security administration aesthetics, WPA, High contrast, Negative Space, bold block prints, folk-inspired, white background, mid century modernism, simple shapes, bold block print, flat form, thick paint, witty expressionism, --ar 1:1 --no border --v 5.2

2.4.7　Zoom out、Pan、图像比例设置

在MJ中，我们可以根据自己的需求选择缩放图像（*Zoom out*）。允许将放大图像的画布扩展到其原始边界之外，而不更改原始图像的内容。新扩展的画布将根据提示和原始图像的指导进行填充。缩小2×和缩小1.5×按钮将在放大图像后出现。

图2-36中从左至右分别为原图、1.5×、2×。画面在不改变像素的情况下被不断放大并拓展边界。

制作正方形：使用变方形可以调整非方形图像的纵横比，使其成为方形。如果原始宽高比较宽（横向），则会垂直扩展。如果它很高（纵向），将水平扩展。

Custom Zoom：自定义缩放按钮可以方便用户选择图像的缩小程度。单击放大图像下的"自定义缩放"按钮将弹出一个对话框，用户可以在其中输入--zoom的自定义值。--zoom接受1～2之间的值。

"*Pan*平移"选项允许用户沿选定方向扩展图像的画布，而不更改原始图像的内容。新扩展的画布将使用提示和原始图像的指导进行填充。注意：目前仅有V系列的5、5.1、5.2和niji5兼容平移图像命令。"平移"按钮将在放大图像后出现。平移时，仅使用距离图像侧面最近的512个像素及提示来确定新部分。平移图像一次后，就只能沿同一方向（水平/垂直）再次平移该图像。我们可以根据需要继续朝该方向平移。

图2-36 dreamy By Mikhail Nesterov, Huge trees, extremely thick trunks, lake water in the sky, large white clouds on the ground, whales floating in the air, low contrast, dark blue and light pink tone combinations --niji 5

在图2-37中，左图为原图，右图为向右拓展两次后的结果。因此它可以帮助我们有效地拓展画面的内容，在诸多视觉内容图像制作中，拓展模式都可以用到。

使用--aspect 或--ar参数可以改变生成图像的长宽比。长宽比是图像的宽度和高度比。它通常表示为两个数字，如9∶5或7∶4。 正方形图像具有相等的宽度和高度,描述为1∶1长宽比。图像可以是1000px×1000px，也可以是1500px×1500px，而且长宽比仍然是1∶1。计算机屏幕的比例大多是16∶9。--aspect 必须用整数。使用139∶100代替1.39∶1。如果是A3纸张，即可设置为297∶420。长宽比影响生成图像的形状和组成。当提升长宽比时，某些方面的比例可能会略有改变。

图2-37　平移

2.4.8　describe和shorten命令设置

/describe 命令允许用户上传图像并根据该图像生成4种可能的提示。使用 /describe 命令可以探索图像提示词的可能性，但请注意，当用这个功能去解析别人图像的提示词时，并不能生成完全准确的提示词（生成的4个提示词仅作为参考）。

使用方法：在MJ命令栏输入/de即可弹出适用于MJ和niji的选项。选择MJ后，单击插入图片选项，可以载入已经准备好的图像，按【Enter】回车确认即可开始生成该图像的提示词（图2-38）。

图2-38　describe命令

　　图2-39显示出了4种提示词，我们可以根据以上提示词分别生成图像，也可以单击 *imagine all* 一次性生成所有图像。图2-39右侧两张图像即我们使用1和3提示生成的内容。但是仔细观察还是和原图以及原提示词有差距（*Pomegranates, one cut open, minimalism by euan uglow*—*v* 5 --*ar* 3:2）。

　　/shorten 命令可以用来分析输入的提示词，突出显示提示词中一些最有影响力的单词，并给出建议可以删除的不必要的单词。使用此命令，可以帮我们识别重点提示词并进行提示词组合的优化。

　　/shorten与多重提示或--no参数不兼容。使用/Shorten分析提示词，是通过Midjourney机器人将提示词分解为更小的单位（称为标记）来进行分析的。这些标记可以是短语、单词甚至是音节。Midjourney机器人会将这些标记转换成它可以理解的格式。它将它们与训练期间学到的关联和模式结合使用，以指导图像的生成方式。若带有不必要的单词（与图像无直接关联，如注入灵魂）、冗长的描述（多段文字对一个主题反复描述）、诗意短语（抽象的或者虚词）的提示词可能导致在图像中添加意想不到的元素。/shorten命令可以帮助用户发现提示中最重要的单词，以及可以省略的单词。

　　在MJ命令区域输入 /shorten <提示词> 命令可以获取有关信息（图2-40）。

第2章 Midjourney参数与命令介绍

图2-39 describe生成图像

图2-40 shorten命令

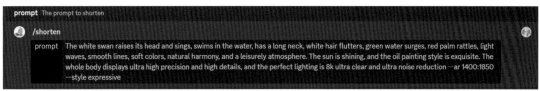

MJ根据我们输入的内容给出了详细的解读，重点的地方被标记了出来。同时，它也删掉了对画面无意义的部分。如果我们想查看更详细的内容，可以单击Show Details按钮，显示每个提示词影响的具体数值（它也会给出实例的修改提示词，单击后即可生成）。

2.4.9 Vary（Region）局部重绘功能

Vary（Region）或局部重绘功能是MJ一个新更新的图像编辑功能，旨在提供对图像特定区域的精细控制，允许用户局部地重新生成或修改图像。这增强了编辑的灵活性和个性化，有助于快速修复、进行创意实验和更高效地进行绘图设计。

如何使用？

Vary（Region）的位置如图2-41所示，如果单击它，将出现一个"编辑器"，用户可以重新生成图像的特定区域。当输入/settings并单击"混合模式"按钮时，编辑器中也会出现一个文本框，允许用户更改或修改该区域的提示。

该功能在图像的20%～50%区域范围内效果最佳，如果更大的范围要重绘，那么选择重新生成或者修改提示词是更好的选择。

图2-41 局部重绘

它并非万能的修复工具,更改提示最有效的方式是选择与该图像更匹配的变化(比如,在森林里加入一只麋鹿),而非添加一些非常不搭的元素(如在森林中加入一只水母)。但有时候结果并不总是令人满意的,修复的图像可能无法达到我们的预期,因为系统可能与你的意图产生冲突。

请逐步使用局部重绘功能,每次重绘解决一个图像问题,而不是在一次重绘中框选多个区域去修复多个问题。

关闭混合模式以后,可以选定区域进行重绘,不过这时无法输入提示词,通过重绘我们较好地改进了手部的结构问题,一次不满意我们可以多次重新生成。当在设置中打开混合模式时,即可输入提示词来进行局部重绘。这里将蕾丝眼罩换成了墨镜(图2-42),替换效果非常自然。

图2-42　wearing white lace blindfold，very beautiful face chinese girl digital painting，thick acrylic illustration on pixiv, by Kawacy, by john singer sargent,stage lighting effects，close up， portraiture, The light effect of the top, the black background, the purple pendant earrings,thick acrylic illustrations on pixiv,beautiful face, gorgeous light and shadow --style expressive

所以，当大家按照预期（在更大的区域或进行小范围的提示修改）使用这个功能时，它是非常有趣的！希望大家会喜欢它！

第 3 章

Midjourney 商业化路径及油画风格创作

3.1 Midjourney作品的商业化路径

随着艺术与科技的融合，使用 Midjourney 生成的人工智能数字艺术图像作品正在被广泛应用于商业领域。这种艺术与科技的结合为各类商业活动创造了前所未有的可能性，并形成了数字艺术图像创作的新范式。现代科技为艺术师提供了新的工具，从而在美学和实用性上为观众提供了更多选择。这一章将探讨 Midjourney 作品几种可能的商业化途径。

3.1.1 利用Midjourney生成装饰画及数字油画

使用 Midjourney 创作的 AI 艺术作品有着装饰画和数字油画的多重潜力。这些作品凭借其独特的艺术风格，足以挑战传统装饰画和数字油画的市场。

首先，这些作品独特的视觉冲击力和艺术风格为现代装饰画市场注入了新的活力。AI 作品具有丰富多样的色彩和形状，其画面视觉效果饱满且引人注目，且相对于传统绘画具有极高的效率。其次，利用 Midjourney 创作的 AI 作品可以通过数字化形式销售（例如淘宝、抖音、微信等自媒体和社交平台，以及线下售卖），从而开启数字油画市场的新篇章。用户可以直接在网上购买数字版画，然后在本地打印出来，或者通过数字设备观看。这种商业模式的优势在于，它可以降低艺术作品的生产和销售成本，而且可以让艺术作品更快地传播。从创作者的角度来看，也可以通过与装饰画商家合作来售卖自己生成的优质图像。利用 Midjourney 创作的 AI 作品还可以根据客户的需求和喜好进行定制。比如，可以根据客户的家居装饰风格（图3-1）或个人品位来生成艺术作品，这相较于传统绘画动辄几周以上的制作周期是明显的优势。同时，Midjourney 自身也在不断迭代版本并升级艺术生成算法，以此满足市场的需求。

图3-1 Close up, living room design of a villa, huge beautiful abstract oil painting decoration paintings, modernist design, perfect rendering and reflection, real texture --ar 2:1 --v 5.2

总的来说，利用Midjourney创作的AI作品不仅可以作为装饰画在传统市场上销售，而且可以以数字形式进行销售，满足新兴市场的需求。而且，这些作品可以定制，以满足不同客户的需求，并有着极高的市场效率。

3.1.2 利用Midjourney生成壁纸插图

壁纸插图市场是另一个Midjourney可以利用的商业化途径。随着电子设备的普及和壁纸插图市场的扩大，数字壁纸的需求日益增长。Midjourney可以利用其AI生成技术，为各种设备提供定制化的艺术壁纸，包括但不限于手机壁纸、计算机壁纸等。具体的盈利模式：将自己的作品上传到壁纸平台（抖音、快手小程序），每次用户下载一张图可以获得0.3元及以上的收益，当作品获得火爆的流量时，大量用户下载可获得不菲的收益（请注意，用户下载原图需要付出时间观看30s左右的广告）。

Midjourney生成的作品与传统壁纸插图的主要区异在于，每一张壁纸都是独一无二的艺术创作，而不是大规模生产的产品。每一张MJ生成的壁纸都可以根据独特的提示词来定制，这意味着每一位用户都可以拥有独特的艺术壁纸。此外，MJ的AI技术还可以实现持续的壁纸创新。以前，用户需要时常更换壁纸来获得新的视觉体验，但现在，MJ可以通过AI算法实时生成新的艺术壁纸，为用户带来持续的新鲜感。创作者也需要不断地更新自己的创作灵感和方式，使用MJ创作出更优质、更有艺术美感、更具趣味性的壁纸插画（图3-2），从而使用Midjourney带来稳定的收入。

图3-2 Fantasy Studio Ghibli beautiful fairy tale dream forest, circular glowing moon in huge dream, amazing fairy tale fantasy atmosphere, funny and cute Studio Ghibli Totoro, Anime Makoto Shinkai Colors, Pastel Palette with Rainbow Highlights by Hiroshi Yoshida, lots of fireflies, Highly Detailed, temple，8k --w 250 --h 330（左图使用--v 3版本，右图使用--v 5.2版本）

3.1.3 利用Midjourney生成绘画草图及展览

在绘画草图环节，*Midjourney*可以起到辅助作用。绘画草图是艺术创作的初始阶段，一幅成功的艺术作品往往源于一份深思熟虑的草图。*MJ*的*AI*技术可以为艺术家生成草图或者摄影图像，帮助他们更好地理解和构思艺术创作的初步想法。艺术家可以输入自己的创作主题、风格、色彩等参数，*AI*便能按照这些参数生成一份或多份草图，可以是人物或者风景等各种绘画主题，我们从中获取需要的信息（例如，人物的动态、组合形式、风景的构图色彩等），这可以为艺术家提供不同的视角和思路。而对艺术学习者来说，生成的这些草图可以帮助他们理解艺术构图的原则和技巧，对他们的艺术学习大有裨益。草图生成提高了艺术创作的效率。艺术家们无须在纸上反复尝试，便可以快速看到多种不同的草图选择，这大大节省了他们的时间和精力。同时，艺术家们也可以在这个过程中发现自己的想法在实现视觉化时可能出现的问题。在图3-3中我们进行了生成油画素材的尝试（请注意：*MJ*目前在手、脚结构方面的局限。只有单人或者局部的话，将手画好的可能性高很多，但是如果是组合就非常难，生成许多次也难以找到手、身体结构都完好的图，我们可以通过"局部重绘"功能以及期待后面的版本更新进一步改进这个问题）。

图3-3 Several Chinese farmers in China are resting on the side of the road. They smile, a composition similar to artistic works, realistic photography --ar 2:2 --v 5.2

另外，MJ生成的作品也可以用在艺术展览或者辅助绘制展览作品。近期中国美术家协会主办的首届中国数字艺术大展，即在作品类别中设置了生成艺术/人工智能艺术/AIGC等与数字技术深度融合的作品。这也标志着AI艺术即将成为一种新的艺术表现种类。除此之外，在传统的中国美术家协会的展览和各省市的展览中，我们也可以使用MJ作为辅助工具来创作展览草稿或素材灵感。

3.2 Midjourney油画创作

3.2.1 油画头像案例讲解与关键词设置

图3-4的主体是一位女性，她的面部精致，特别是微妙的眼睫毛和闪亮的眼睛。同时，这幅画使用了藏色技巧（hidden color）及油画的技法。这幅图深受Helene Knoop、Arthur Streeton、Jeremy Lipking、Apollinary Vasnetsov等艺术家作品风格的影响。在油画风格中使用Arthur Streeton、Jeremy Lipking关键词，可以生成极具艺术感的图像。

Helene Knoop是一位挪威艺术家，以写实的人物肖像画和生动的细节描绘而闻名。她的作品往往展现出了女性的柔美和高雅。

Arthur Streeton是一位澳大利亚印象派画家，善于捕捉其独特的光影色彩。

Jeremy Lipking是一位美国艺术家，以精细的肖像画和风景画而闻名。他的作品往往体现对人物和自然的深刻理解，以及对细节的敏锐把握。

Apollinary Vasnetsov是一位俄罗斯艺术家，他的作品以其对俄罗斯历史和文化的独特见解而闻名。他的作品在这幅画中可能体现在对人物和环境的详尽描绘。

这幅作品同时也带有一些赛博朋克、概念艺术及漫画艺术元素，因此油画效果介于写实和概念艺术之间，在尝试混合风格及艺术家的过程中，正确的搭配能够产生极好的效果。在这幅作品的生成过程中，我们进行了5次重复渲染，以尽可能地提升画面的细节和质感。

图3-4　in the style of inspired illustrationsa, girl, exquisite facial features, exquisite details, fine eyelashes, shiny eyes, hidden color, oil painting, cyberpunk, fantasy, concept art, helene knoop, comic art, and-you-miss-it detail, arthur streeton style, jeremy lipking style, apollinary vasnetsov --ar 16:9 --niji 5 --style expressive --repeat 5

图3-5的核心主题是"天体女神战士"（Celestial goddess warrior），这个设定本身就带有极强的幻想色彩和视觉冲击力。此外，这里强调了"心灵"（mind）和"宇宙"（universe）的概念，暗示了画面中可能包含深邃的内在世界的视觉呈现（最终呈现出了巨大的圆月效果）。（小提示：如果加入更多的混乱值，这个画面可能更有趣味。）

在艺术风格上，这幅作品融合了Pre-Raphaelites的风格。先拉斐尔派（Pre-Raphaelites）是19世纪英国的一种艺术派别，该派画家强调复兴前的艺术风格，特别注重细节的丰富性和色彩的鲜艳度。在这幅画中，我们可能会看到这种风格在色彩运用和装饰细节描绘上的影响。此外，这幅画强调了"*dramatic light*"（戏剧性的光线）。这可能意味着在画面的光影处理上，有着强烈的对比和明显的光线源，这样的处理方式将极大地增强画面的视觉冲击力和艺术表现力。

图3-5　in the style of inspired illustrations, Celestial goddess warrior, mind, universe, astral~ Pre - Raphaelites style，dramatic light,, oil painting,cyberpunk, fantasy, concept art, helene knoop, comic art, and-you-miss-it detail, arthur streeton style，jeremy lipking style，apollinary vasnetsov --ar 16:9 --niji 5 --style expressive

在图3-6的提示词中，重点放在了"一个中国美女"（a chinese beautiful girl with beautiful faces）。更具体地说，是一个"近距离的肖像画"（close portraits）。这意味着在这幅画中，我们将看到更细致的面部特征描绘，包括"精细的眼睫毛""闪亮的眼睛"等。同时，这个美女身着"汉服衣袖"（hanfu sleeves）。服装的限定可以直接体现在画面中，但画面的构图和特写注定了不会有大面积的汉服的表现，如果要重点展示动态或者服装，那么可以选择竖构图（构图对内容的表达有直接影响）。

图3-6　in the style of inspired illustrations, a chinese beautiful girl with beautiful faces, hanfu sleeves, close portraits, fine, brush strokes, texture, acrylic, oil painting, cyberpunk, fantasy, concept art, helene knoop, comic art, and-you-miss-it detail, arthur streeton style，jeremy lipking style，apollinary vasnetsov --ar 16:9 --niji 5 --style expressive

图3-7的画面描绘了一位正在舞蹈的中国年轻美女。她身穿着华丽而精细的汉服，面部特写展现了她的美丽及棕色眼睛的魅力。她身上的丝绸随风飘动，头发随之舞动飞扬，这都使得画面充满了动感（Chinese beauty youth dancing wear beautiful and detailed Loose Hanfu，beautiful light，extremely beautiful detailed face and brown eyes, fluttering silk, flurry hair）。具体的动态描述直接体现在画面中，可以看到人物长袖在前，似乎在舞蹈一般。这就与图3-6的固定形式完全不同了。

另外,将宋朝艺术家赵佶的风格与油画风格混合(Song Dynasty artist Zhao Ji style oil painting),出现了传统与现代的融合。赵佶是中国历史上著名的皇帝和艺术家,他的画作以其独特的技法和审美视角而闻名。与此同时,也有来自艺术家萨金特(Sargent)的色彩应用,他的色彩运用在艺术界有着很高的评价。

图3-8重点描绘了一位凶猛的海盗(fierce pirate),海盗的头部覆盖着金色的地衣(gold lichen),这可能指的是海盗的皮肤具有地衣般的纹理或色彩。海盗还戴着一顶海盗帽(pirate hat),脸上有显眼的疤痕(scar),这些细节描述可以让AI非常准确地生成我们想要的内容(如果使用虚词则有更多可能性,但内容更模棱两可)。

图3-7 Song Dynasty artist Zhao Ji style oil painting, Artist Sargent's colors, Extremely close-up, headshot close-up, POV perspective, Chinese beauty youth dancing wear beautiful and detailed Loose Hanfu, beautiful light, extremely beautiful detailed face and brown eyes, fluttering silk, flurry hair, lending an sadness and silence quality to the artwork, --s 250 --ar 16:9 --niji 5 --style expressive

画面中包含色块（*forming a color block*），这位海盗的形象与其他元素形成了鲜明的对比。这是一幅全身肖像画（*full body portrait*）（但是我在多个构图中选择了更适合的头像），采用油画（*oil painting*）技法，以画布为载体（强调了质感且可以使用Beta模式增强纹理）。画风受到了 *Craig Mullins* 的影响。*Mullins* 是一位著名的数字艺术家，他的作品风格充满动感，画面富有生动的细节。在这幅画中，也体现出了一种黑暗和神秘的气氛（*dark and mystery painting*），这与海盗的形象和特性相吻合。

图3-8 gold lichen and the skin on the head The fierce pirate with a pirate hat, the scar on the face, forming a color block, full body portrait, Oil painting on canvas, painting by craig mullins, dark and mystery painting. Scarry, horror. --v 4

图3-9是微调了主题提示词后生成的，关注的主体是一位神秘教堂的东正教教士（orthodox cleric）。他的头部肌肤中生长着金色的地衣和真菌（gold lichen and fungus），这种描述赋予了他一种超自然甚至是异形特征。这位教士的肤色苍白而坚定（bold pale skin），没有头发（no hair），身穿破旧的灰色布衣（old torn grey cloth），眼中嵌有金币（gold coins in eyes）。

图3-9 gold lichen and fungus growing through the skin on the head of an orthodox cleric of the mystery church, bold pale skin, no hair, wearing old torn grey cloth, gold coins in eyes. very detailed arms, full body portrait, no crosses, Oil painting on canvas, painting by craig mullins, dark and mystery painting. Scarry, horror. --v 4

图3-10的主体是人物及细节。包括明亮的眼睛（*bright shiny eyes*）（宏观特写形式 *macro close-up*）、美丽的嘴唇（*beautiful lips*）、公平的肤色（*fair skin*），以及深色的头发（*dark hair*）。

这幅作品受到了多位艺术家的"启发"，包括（*Mark Rothko*）（抽象表现主义艺术家，以大胆的色彩块著称）、*Horst Jansen*（德国新现实主义画家）、*Petra Lorch*（德国水彩画家）、*Malcolm Liepke*（美国画家，以对人物和肖像的描绘而知名）、*Casey Baugh*（美国现代写实主义画家）、*Artgerm*（现代数字艺术家 *Stanley Lau* 的艺名）和 *Sakimichan*（数字艺术家，以动漫风格的角色设计和插画而知名）。

图3-10 Oil painting illustration by Tibor Nagy, Dolly Kei, bright shiny eyes macro close-up, beautiful lips, high quality, fair skin, dark hair, works inspired by rothko and horst jansen and petra lorch, Malcolm Liepke, Casey Baugh, Artgerm, Sakimichan, rich oil painting details, thick brushstrokes, minimal details, impasto, --ar 2:3 --niji 5 --s 750 --style expressive

画面以丰富的油画细节（*rich oil painting details*）、厚实的笔触（*thick brushstrokes*）和简化主义的细节（*minimal details*）表现出来，使用了浓重的质感处理（*impasto*）。

在图3-11这幅作品中，重点是使用了*niji* 5模式和*cute*风格，同时搭配油画风格进行表现，画面成功地把动漫风格与油画质感融合在一起。注意：这里使用了草图（*sketch*），这在画面中意味着更多的草稿式样的笔触。

图3-11 Schiller's avatar sketch, bright color and sharp brushwork, oil painting texture, sketch texture. --niji 5 --style cute

在图3-12提示词中，主题聚焦于"美丽的瞳孔特写"（*beautiful pupil close-up*），这会使作品的细节表现更为突出。光线柔和（*soft light*）意味着作品的光线处理将不会过于强烈或刺眼，而是给人一种温和、舒适的感觉。使用轻金色滤镜渲染的图像（*image rendered with light gold filter*）指出了整个画面将呈现出一种轻暖色的调子，这可能使作品显得更温暖和优雅。此外，印象派油画调子（*impressionist oil painting tone*）提示词使图像色彩比较微妙。模仿古典油画的柔和光线（*soft light imitating classical oil painting*）进一步强调了作品将具有古典油画的氛围和质感。

最后，低对比度（*low contrast*）和低饱和度（*low saturation*）表示画面的色彩不会过于鲜艳或对比强烈，而是显得更柔和和沉静，这将有助于营造出一种淡雅、含蓄的艺术效果。

在图3-13中，同样的五官主体，但是效果相差很大。主要在于鲜艳的柔和色彩（*vivid pastel colors*）、主题动漫美少女（*anime beautiful girl*）、🍄（注意：一些*emoji*可以进行主题的锚定，用于内容的呈现或者影响画面元素）和爆炸性的颜色（*explosive pigmentation*），这意味着画面的色彩将会非常丰富和强烈，形象可能呈现出一种动漫混合油画的视觉效果。

图3-12　beautiful pupil close-up,soft light, half shot, high definition, image rendered with light gold filter, impressionist oil painting tone, soft light imitating classical oil painting, low contrast, low saturation --s 50 --ar 2:1 --niji 5

图3-13　Closed - up eyes, 🍄 shiny 🍄 glossy 🍄 luminous brushwork. vivid pastel colors, white oil/jelly, anime beautiful girl, rainbow mushroom, energy - charged, kiss me, Making Variations and masterpiece for image fused with realistic oil painting # multilayered dimensions # explosive pigmentation, microsmic landscape, pattern-based painting / puzzle-like elements, suspended moments. blink - and - you - miss - it detail. charming illustrations. I can't believe how beautiful this is. --ar 2:1 --niji 5

在图3-14中,我们主要侧重于"黄色的男孩肖像"(A portrait of a boy in yellow)。画作的风格和技法参考了艺术家"伊贡·席勒"(Egon Schiele)的作品。席勒是奥地利的象征主义和表现主义画家,他的作品以独特的线条、形状和色彩而闻名。这可能意味着画面将展现出一种独特的艺术风格,可能包含席勒的一些标志性元素,如扭曲的形状、强烈的色彩对比和明显的线条。此外,"线稿"(Line draft)和"素描"(sketch)这两个提示词表明画面将以线条为主,可能更接近于草图或初步素描的风格,而非完全填充的绘画。这可能为画面增添一种简洁、直观的视觉效果,使观众能够更直接地感受到画面的线条和形状。

图3-14 A portrait of a boy in yellow,by Egon Schiele,Line draft,Sketch --ar 16:9 --iw 1.5 --niji 5 --style expressive --s 400

3.2.2 油画风景案例讲解与关键词设置

在图3-15的提示词中,主要侧重于城市风景油画(cityscape oil painting),并且重点强调了笔触(brush marks),这将使画面更具有生动感和动态感。"S值"(s 750)和"Q值"(q 2)的设定将影响画面的细节和质量。较高的S值可能使画面的细节更加丰富,而较高的Q值可能提高画面的清晰度。"stylize 1000"则表明在这幅画中,强调了其风格化的程度。这可能意味着画面将更多地表现出油画的特点,如浓厚的颜料、鲜明的色彩对比等。

图3-15 cityscape oil painting brush marks --ar 2:3 --stylize 1000 --v 5.1 --s 750 --q 2

在图3-16中,我们的注意力集中在冬季场景(winter scene)和小径(path)上。冬季的场景往往带有一种寂静和祥和的氛围,小径则为画面增添了一种前进和探索的动态感。这两者的结合,使得画面有静态的美感(通过内容设计引导画面构图和视线)。光线(light)和暖色(warm color)是画面中的另外两个重要元素。光线和暖色则为冬季的冷色调画面增添了一种温暖和舒适的氛围。温斯洛·霍默(Winslow Homer)是美国著名的风景画家,他的作品以气势磅礴、感情深厚而闻名。

图3-17的核心在于抽象的速写式油画(abstract alla prima oil painting),画面更倾向于即兴表达。同时,这幅画的风格受到了理查德·施密德(Richard Schmid)和莫奈(Monet)两位艺术家作品的影响。理查德·施密德是美国的现实主义艺术家。而莫奈是法国印象派的代表性人物,他的作品以独特的光影处理和色彩运用而闻名,给人强烈的视觉冲击和艺术享受。在这幅画中,两位艺术家的风格融合在一起,表现出有趣的油画视觉语言。

图3-16 winter scene with a path, light, warm color, by winslow homer, 8k --ar 3:2 --v 4

图3-17 old city, abstract alla prima oil painting by Richard Schmid and Monet --ar 2:1 --v 5.2

图3-18的画面主题为一幅具有抽象风格的乡村场景。其独特性体现在画面以薄荷色、淡暖灰色、暖色调等色彩构成，这些颜色为画面营造出柔和、阳光明媚、温馨的氛围。这幅画的风格是光影油画（*light and shadow oil painting*），光影在画面中起到了至关重要的作用。

图3-18 Abstract painting of mint light warm grey hot color, soft, sunny and gentle sun Villages, rural areas, fields, life, cattle and sheep, light and shadow oil painting::Childe Hassam，Edgar Payne，Levitan，Zorn, Sorolla，oil paint on canvas, impressionism art, Abstract painting of mint light warm grey light color, soft, sunny and gentle --ar 16:9 --repeat 5

这次我们融合了5位艺术家的风格（*Childe Hassam*、*Edgar Payne*、*Levitan*、*Zorn*、*Sorolla*）。他们都是非常重要的风景画家，各自的风格和技法都对画面产生了深远的影响。*Childe Hassam*是美国印象派画家，以其生动的印象派色彩使用而著名；*Edgar Payne*是美国的风景画家，他的画作具有强烈的色彩对比和丰富的细节描绘；*Levitan*是俄国的著名风景画家，他的画作以其对自然和乡村生活的深情描绘而备受赞誉；*Zorn*是瑞典的著名艺术家，他的画作以其对光影的精准捕捉和色彩的独特运用而闻名；*Sorolla*是西班牙的著名画家，他的画作以其对阳光和海水的生动描绘而备受赞誉（多种艺术家的风格融合会变成新的油画语言）。

图3-19只使用了列维坦（*Levitan*）的风格，因此可以看到强烈的个人风格。我尤其喜欢他自然而生动的油画表达。

图3-20将两位艺术家*Édouard Vuillard*和*Pierre Bonnard*的风格进行融合，并没有明确的主题，属于实验性质（推荐大家多尝试不同的混合，以开发有效的提示词组合）。

*Édouard Vuillard*是法国画家，与*Pierre Bonnard*都是象征主义和装饰艺术运动*Les Nabis*的成员。他们的作品以富有装饰性的风格和对日常生活的描绘而闻名。*Vuillard*的作品通常充满了丰富的色彩和细腻的纹理，他擅长通过复杂的图案和颜色来塑造光线和空间。*Pierre Bonnard*也是法国后印象派画家，他的作品充满了明亮的色彩和光线，他善于通过色彩来传达情感和营造氛围，他的作品中常常充满了温暖和快乐的气氛。

图3-19 sunny semi-abstract landscape by Isaac Levitan, oil painting, --ar 3:2 --q 2 --v 5.2

图3-20 oil by Edouard Vuillard and pierre bonnard --ar 2:1 --v 5.2

图3-21 Magí Puig是西班牙画家，其平涂的风格、鲜明的主观色彩和提炼概括令人眼前一亮。提示词中的Mallorcan villa指的是位于西班牙巴利阿里群岛的马略卡岛上的别墅。这样的主题可以引导AI生成描绘美丽岛屿风光和宁静别墅的画面。

图3-21 Magí Puig , Monet, Mallorcan villa, oil painting by Edouardo Vuillard --ar 16:9 --v 5.1

在图3-22中，我们首先关注提示词中的颜色词和主题词（light grey color landscape）和（pink and blue oil painting of a california landscape）。这些词向我们描绘了一幅以浅灰色为主，并带有粉色和蓝色的加利福尼亚风景油画。Light brightness color、tonalism、minimalism这些词进一步为我们描绘出画面的基本调性和风格——明亮且色调丰富，简约而富有情感。

图3-23的提示词指向了一种特别详细、摄影级别的现实主义画风，生成的画面描绘的是充满乡村气息的俄罗斯风景（Rustic landscape, Russia），艺术家们风格的融合为画作带来了丰富的风格元素。Henri Fantin-Latour是法国画家，他的静物画以精细的描绘和浓郁的色彩而出名；Todd Lockwood的画作常常体现出强烈的奇幻元素；Olivier Martineau的画作具有强烈的表现主义色彩；Craig Mullins是数字艺术的先驱者，他的作品具有电影般的视觉效果；Daniel F Gerhartz是当代现实主义画家，在他的作品中常常能看到强烈的情感表达。这种把数字艺术家和油画结合是有趣的实验。而no person和 no woman则提示了画作中不包含人物，这让Midjourney更专注于风景的描绘。

图3-22　light grey color landscape,pink and blue oil painting of a california landscape, arthur streeton style, jeremy lipking style, light brightness color，tonalism, minimalism --q 2 --ar 16:9 --v 5.1

图3-23　Rustic landscape, Russia, extremely photo real, very detailed, realistic, figurative painting, fine art, Oil painting on canvas, sharp image, meticulous, high quality, precise, beautiful impressionist oil painting by Sargent John, Henri Fantin-Latour, Todd Lockwood, Olivier Martineau, Craig Mullins, Daniel F Gerhartz, --no person --no woman --ar 3:2 --q 2 --v 5.1

图3-24的主题是*prairie at twilight time*，即黄昏时分的草原。这个主题本身就充满了诗意，暗示了一种静谧而又悠远的氛围。黄昏时分的草原可能被染上一种暖色调，而天空的颜色则可能变得更加深沉和丰富。

画作的风格被定义为*minimalism by Euan Uglow*，即尤安·尤格洛的极简主义风格。尤安·尤格洛是英国画家，他的作品以简洁、抽象的形式而闻名，尤其是在处理光线和空间方面具有独特的技巧。他的画作往往给人一种平静、理性、严谨的感觉，这种风格会在画作中体现出来（太多的复杂内容可能让人产生视觉疲劳，所以探索简约而温柔的画面也是很有必要的）。

图3-24 twilight time in the prairie, oil painting, minimalism by Euan Uglow --q 2 --v 5 --ar 16:9

在图3-25中，我们使用融合*Childe Hassam*、*Edgar Payne*、*Zorn*和*Sorolla*的风格，形成了经典的提示词。这组提示词的有趣在于重复。*Abstract painting of mint light blue and pink color*在前面和后面都书写了一次，这意味着更高的权重，并且我们限定了具体的色彩区间。另外，通过 *soft, sunny and gentle sun sheep herd in a meadow*，我们可以确定画面的主题和光线氛围。这组提示词不仅仅可以用于风景，也可以用于静物，并且具有极高的表现力。

图3-25 Abstract painting of mint light blue and pink color, soft, sunny and gentle sun sheep herd in a meadow, landscape oil painting::Childe Hassam, Edgar Payne, Zorn, Sorolla，oil paint on canvas, impressionism art, Abstract painting of mint light blue and pink color, soft, sunny and gentle --ar 3:2 --v 4

（温馨提示：提示词中的双冒号::相当于分隔符，是让Midjourney充分考虑其前后的每个部分的重要性）

在图3-26中，同样的艺术家提示词，我们只改动了主要内容，即乡村景观（Rural landscape farms, house, dogs and cattle and sheep）。

图3-26 Abstract painting of mint light yellow and purple color, soft, sunny and gentle sun in Rural landscape farms,house, dogs and cattle and sheep, landscape oil painting::Childe Hassam, Edgar Payne, Zorn, Sorolla, oil paint on canvas, impresionism art, Abstract painting of mint light blue and pink color, soft, sunny and gentle by Yoji Shinkawa and Krenz Cushart, genshin impact --ar 7:4 --v 4

在图3-27中,同样的色调限定词,我们更换了艺术家,展现出来的氛围和色彩也有微妙的区别。

图3-27 Light color landscape, pink and blue oil painting of a california landscape, arthur streeton style, Jeremy Lipking style, light brightness color, tonalism, minimalism --q 2 --ar 16:9 --v 5

在图3-28的创作提示中,我们将尝试一种颇具东方韵味的艺术风格——中国松动的油画效果(Chinese loose oil painting)。主题是一个农场和鹅(farm, geese)。在颜色方面,画面主要由light colors, muted colors, grey color accents, chalk white color scheme 这些柔和、低饱和度的色彩组成,这些颜色的运用将为画面增添宁静感。尤其是chalk white color scheme,粉笔白的颜色方案会给画面增添一种独特的质感。在创作风格方面,我们要参考几位大师的作品,包括James Abbott McNeill Whistler、John Singer Sargent 及Nikolai Blokhin。他们的作品风格各异,有印象派的明亮色彩和快速笔触,也有更为写实和细腻的风格。在这幅画中,我们将看到他们风格的融合,形成一种独特的艺术语言。此外,muddy colors, dripping, broken surface这些描述,将画面变得更加接地气,沉静而厚重。最后的ambient light则指出了光线的处理方式,这幅画将以环境光为主,形成一种柔和而均匀的光线效果。

图3-28　Chinese loose oil painting, farm, gees, light colors, muted colors, grey color accents, chalk white color scheme, art by James Abbott McNeill Whistler, art by John Singer Sargent, Nikolai Blokhin, oil paint on canvas, impresionism art, symbol art, muddy colors, dripping, broken surface, ambient light --ar 3:2 --v 4

图3-29的创作提示的主题是海景（seascape），并且画中将远处的小船作为一种特别的元素（boats at the distance）。这种场景常常带有一种远离喧嚣、归于宁静的意境。

在风格上，这幅画将尝试融合现代印象派（modern impressionism）和超现实主义（hyperrealism）两种截然不同的艺术风格。这种风格的融合将带来一种既有印象派的色彩和光影，又有超现实主义的细腻和真实感的画面效果。在艺术风格上，这幅画将尝试融合James Abbott McNeill Whistler、John Singer Sargent和Nikolai Blokhin的艺术风格。Whistler的作品以独特的象征主义和抽象表现手法而闻名，Sargent的作品则以现实主义和细致的描绘手法而受到人们的喜爱，而Blokhin则以精湛的素描技巧和独特的风格而受到广大艺术爱好者的喜爱。

图3-29 Seascape, oil painting of a seascape, boats at the distance, max brushwork, modern impressionism, pale color palette, pino daeni, jeremy lipking and jeffrey larson style, sorolla style, hyperrealism, max detailed --ar 3:2 --v 4

在图3-30中，我们可以看到一个冬天的农场（farm）景象，森林路（forest road）两侧矗立的树木（trees on both sides），以及远处骑马的人们（people riding horses），这些元素共同构成了一幅宁静又充满生活气息的乡村画面。在色彩上，画面主要以灰色调（grey color accents）和白垩色调（chalk white color scheme）为主，这样的色彩搭配使得画面更具冬天寒冷的感觉，同时也带来一种平静、宁静的氛围。

在图3-31中，焦点是一位正在雕刻石头的男人（*a man carving stone*）上，场景设定在内部的大教堂（*inside cathedral*）中。我们将*Zorn*和*Sorolla*的画风融入其中，同时加入美丽的光影（*beautiful light*）。有时候提示词需要写得简短有力，将艺术家与主题对应（如果使用这两个艺术家描述中国场景，效果就不会这样贴切）。同时，前面提到的这4个因素指向了一个明确的古典画面效果。对这张作品来说，首先构建头脑中的内容，并根据生成效果不断地微调提示词非常重要。

图3-30 Farm, forest road, trees on both sides, winter, in distance people riding horses, grey color accents, chalk white color scheme, art by James Abbott McNeill Whistler, art by John Singer Sargent, nikolai blokhin, oil paint on canvas, impresionism art, symbol art, muddy colors, dripping, broken surface, ambient light --ar 3:2 --v 4

图3-31 A man carving stone, inside cathedral, zorn, sorolla, beautiful light, oil painting, Classical art, strokes, --ar 3:2 --v 4

图3-32的这组提示词描述了超越现实的火成碎屑烟云被雷击（pyroclastic smoke clouds being struck）的场景。这个提示词描绘的场景本身充满动感和戏剧性，其中的烟云、雷电和火光都为艺术创作提供了丰富的视觉元素。同时，在俄罗斯艺术家尼古拉·布洛欣（Nikolai Blokhin）油画风格的加持下，结合了现实主义和表现主义，创作出了富有深沉情感和强烈个性的艺术作品。当我们试图表现一种刻画精湛的风景时，不妨多用Nikolai Blokhin的风格。

图3-32 Pyroclastic smoke clouds being struck by Nikolai Blokhin painting oil painting --ar 3:2 --v 4

图3-33同样只采用了一个艺术家莱维坦（Levitan）的风格。画面描绘的是欧洲乡村的傍晚（countryside in the evening in Europe）。这一主题本身就充满了诗意，揭示了一天的结束和夜晚的来临。对于色彩的选择，提示词中明确要求使用明亮的淡灰色和暖色（light bright grey warm color）。这种色彩搭配能够很好地表现出傍晚时分的温馨和宁静，最终呈现出了冷暖结合的傍晚场景。

图3-34以韦斯·安德森（Wes Anderson）的对称风格为基础，因此画面均衡稳定。

图3-33　light bright grey warm color，countryside in the evening in Europe by Levitan oil painting --q 2 --ar 3:2 --v 4

图3-34　Wes Anderson's symmetrical Abstract painting of mint light blue and pink color, soft, sunny and gentle sun in Rural landscape farms, dogs and cattle and sheep, landscape oil painting::Childe Hassam, Edgar Payne, zorn, sorolla, oil paint on canvas, impresionism art, Abstract painting of mint light blue and pink color, soft, sunny and gentle by yoji shinkawa and krenz cushart, genshin impact --ar 7:4 --v 4

对于图3-35，我们的目标是创作一幅以加利福尼亚风景为主题的油画（oil painting of a california landscape）。在色彩上，我们选择了柔和的色调，这种"静音色调"（mute palette color）的使用将有助于营造一种静谧而深沉的氛围。此外，我们还将尝试融合色调主义（tonalism）和极简主义（minimalism）这两种风格。色调主义强调色彩的和谐、统一，而极简主义则强调以最简洁的形式来表达核心主题。

图3-35 Landscape, oil painting of a california landscape, arthur streeton style, jeremy lipking style, mute palette color, tonalism, minimalism --ar 3:2 --niji 4

如图3-36所示,我们的目标是创作一幅充满夏夜金色时刻的风景画,画面中的金色云彩在天空中飘浮(Summer evening, golden hour, golden clouds float across the sky),小径通向田野,草地上堆放着稻草堆(the path goes into the field, there are haystacks in the meadow),这样的场景有一种宁静而浓厚的田园诗意。这幅画的风格受到亨利·方丹·拉图尔(Henri Fantin-Latour)的影响,他是一位法国的画家和石版画家,其作品以花卉画和巴黎艺术家及作家集体人物画像而闻名。除此之外,还融入了丹尼尔F·格哈特兹(Daniel F Gerhartz)的风格,他的作品具备浓厚的浪漫写实主义风格。

图3-36　Landscape, Summer evening, golden hour, golden clouds float across the sky, the path goes into the field, there are haystacks in the meadow, by henri fantin - latour, oil on canvas, still life, figurative painter, fineart, Oil painting on canvas, by Daniel F Gerhartz Canvas, Fine Art, Paint, Oil Paint, Puffy Paint　--s 50 --ar 3:2 --v 4

在图3-37中,通过燃烧的唐菖蒲花束呈现(poetic Gladiolus bouquet on fire)浓郁的氛围。这幅画还采用了电影般的光线和极简主义的自然形态,因此画面简约而富有感染力。

图3-38的主题是美丽的乡村雪景(beautiful Rural snow landscape)。我们尝试融合James Abbott、McNeill Whistler、John Singer Sargent、Nikolai Blokhin、Edgar Payne、Zorn和Sorolla多位艺术家的风格,并采用style expressive 模式生成,画面出现了一种类似于水彩和油画质感混合的效果。

图3-37 By john singer sargent oil on canvas, still life, figurative painter, fineart, Oil painting on canvas, by Daniel F GerhartzCanvas, Fine Art, Paint, Oil Paint, Puffy Paint the gradient of colour minimalistic natural organism, cinematic lighting, poetic Gladiolus bouquet on fire, flames, rain, elegance, dreamy, twilight palette, golden hour, tumblr style --ar 3:2 --q 2 --v 4

图3-38 Beautiful Rural snow landscape, beautiful light, light colors, muted colors, grey color accents, chalk white color scheme, art by James Abbott, McNeill Whistler, art by John Singer Sargent, Nikolai Blokhin, Edgar Payne, Zorn, Sorolla, oil paint on canvas, impresionism art, symbol art, muddy colors, dripping, broken surface, ambient light --ar 3:2 --style expressive

图3-39的主题是海（sea），并且特意强调了海滩上的闪烁（shimmery beach）。提示：闪烁结合海面的波光粼粼完成了画面最重要的信息的传达，所以仔细地观察客观世界并找到趣味性，能帮助我们更好地控制提示词。提示词不仅仅是简单的描述，更是对世界的体会与想象。

图3-39 Sea, oil painting of shimmery beach, arthur streeton style, Jeremy Lipking style, mute palette color, warm, tonalism, minimalism --ar 3:2

图3-40 Sunny semi-abstract ship landscape by Isaac Levitan, oil painting of shimmery beach, arthur streeton style, Jeremy Lipking style, mute palette color, warm, tonalism, minimalism --ar 3:2 --iw 2

在图3-40中，我们看到了一个阳光明媚的半抽象船只风景画（*sunny semi-abstract ship landscape*）。但是第一幅图我们使用了垫图的手法，并使用了2倍的权重，所以画面的构图限定得更加明确。第二幅图则完全依靠提示词生成。大家可以根据自己的需求来选择。

在图3-41中，我们营造了一个非常有趣的油画效果。从图中可以看到一个超现实的海岸线（Surreal Coastline），其中大型的蘑菇生物（large Funghi creatures）和破浪（crashing waves）成为画面中的重要元素。这种奇特的组合为画面增添了一种超现实的氛围。与此同时，画面还展示了沙丘（coastal sand dune）、海滩草（beach grass）、彩色常春藤（colorful ivy）和被风吹动的柏树（tall windblown cypress tree）等详细的自然元素。通过对这些元素的细致描绘，使得这个场景更加生动、真实。

在风格上，这幅画受到了Henri-Edmond Cross、Moebius和Pierre Soulages的影响。Henri-Edmond Cross是后印象派的重要代表人物，他的作品以鲜明的色彩和精细的画法而知名；Moebius（真名Jean Giraud）是法国的一位漫画家和插画家，他的作品以独特的视觉风格和富有创新的想象力而闻名；Pierre Soulages也是法国的一位画家，他的作品以极简主义和大胆的黑色调为特点。

图3-41 Oil and Ink hyperrealistic stained woodblock print, Surreal Coastline with large Funghi creatures and crashing waves, coastal sand dunes with beach grass and colorful ivy, tall windblown cypress tree, coastal village with thatched roof, in the style of Henri-Edmond Cross and Moebius and Pierre Soulages, surrealism, hyperrealism, vibrant shiny reflective, long shadows, cinematic lighting, textured depth --ar 16:9 --c 15 --s 125

在图3-42的提示词中，第一组单词定调了插画氛围（in the style of inspired illustrationsa）。主题是一位美丽的动画航天员，孤独地滞留在一个正在崩塌的星球上仰望夜空（A beautiful animated astronaut is stranded on a collapsing planet, alone and looking up at the night sky）。附近是一艘破损的巨型宇宙飞船，地面是一片发光的草地，周围是岩石山脉（Nearby is a broken giant spaceship. The ground is a glowing meadow. Rocky mountains）。接着融合了水彩油画风格，形成了多风格的油画插画效果。

图3-42 In the style of inspired illustrationsa，A beautiful animated astronaut is stranded on a collapsing planet, alone and looking up at the night sky. Nearby is a broken giant spaceship. The ground is a glowing meadow. Rocky mountains, watercolors, oil painting, cyberpunk, fantasy, concept art, helene knoop, comic art, and-you-miss-it detail, arthur streeton style，jeremy lipking style，apollinary vasnetsov --ar 16:9

图3-43的创作提示词强调的主题是童话之地的紫色日落（*Purple sunset goes up on the fairy land*），最重要的是薄荷灰色（*mint grey color*）色调，这与场景中的日落（*sunset*）和童话之地（*fairy land*）相互映衬，共同构建出一种具有梦幻氛围的画面效果。

图3-43 Purple sunset goes up on the fairy land::Childe Hassam + epic composition + Abstract painting of mint grey color, soft, sunny and gentle --ar 3:2 --v 4

图3-44所示画面的主题是一个宁静的海面（A calm sea），海鸥（A flock of seagulls）在天空中飞翔，白色的教堂（White church）坐落在海滩（Beach）边，背景是黄昏时分的天空（Dusk）。画面中的这些元素共同构建出一种安静、宁静的海滨景象。这幅画采用了克劳德·莫奈（Claude Monet）的画风。此外，这幅画还强调了视觉氛围的表达（Emphasize the expression of visual atmosphere）。这意味着画面中的色彩、光影和画面元素的布局都将以强调整体的视觉氛围为主，使观者能够更加深入地感受到画面中所表达的宁静和舒适的氛围。

图3-44　A calm sea, A flock of seagulls, White church, Beach, Color System One, Oil painting style, Oil painting strokes, Dusk, style by claude Monet, comfort, Large area blank, Full length view, Long Shot, cinestill 50d, Top view, The style of illustrator Varguy, Concise style, Emphasize the expression of visual atmosphere --s 400 -- ar 2:1-- niji 5

对于图3-45所示的画面其风格受到了日本吉卜力工作室（*Ghibli*）的影响，在动漫主题里融合了油画的味道。

图3-45 Magic lake, three girls wearing white silk dresses and dogs are playing, their faces beaming with happiness, with a sacred light shining around them, Ghibli, oil painting, highly detailed, UHD --ar 2:1 --niji 5 --style cute --s 400

3.2.3 油画静物案例讲解与关键词设置

接下来的几张示范提示词生成图中，提示词的关键词是一致的，但是效果有一些差异。特别是第一张图，具备了光线渗透的效果（莫奈的风景画就是光线渗透的典型）。注意：这里的重点是在多次不断重新生成中找到渗透关系，因为每次生成都是42亿个种子的可能性，所以光线概率并非那么高，生成好图不仅需要经验、技巧，也需要一些运气。但实践得越多，运气也会比别人多。提示词中的*::Childe Hassam*可以让画面聚焦这个内容（图3-46）。

图3-46 Abstract painting of mint light warm color, soft, sunny and gentle sun Fruit static still life oil painting::Childe Hassam,, Edgar Payne, zorn, sorolla, oil paint on canvas, impresionism art, Abstract painting of mint light blue and pink color, soft, sunny and gentle --ar 3:2 --v 4

在图3-47的提示词中，主题改为了浅灰色、稳重（也可被翻译为静音）——*light grey mute*。

图3-47 Abstract painting of mint light grey mute purpul color, soft, sunny and gentle sun Fruit static still life oil painting::Childe Hassam, Edgar Payne，Zorn, Sorolla，oil paint on canvas, impresionism art, Abstract painting of mint light grey mute color, soft, sunny and gentle --ar 3:2 --v 4 --repeat 5

在图3-48的提示词中，使用了重复提示词*warm warm*，强调了多重的温暖色调。

图3-48 Abstract painting of mint light warm warm color, soft, sunny and gentle sun Fruit static still life oil painting::Childe Hassam, Edgar Payne, Zorn, Sorolla, oil paint on canvas, impresionism art, Abstract painting of mint light yellow and red and green and blue and pink color, soft, sunny and gentle --ar 3:2 --v 4

图3-49的主题是经典的静物油画（*classical still life oil painting*）。画中的光影效果受到了荷兰画家伦勃朗（*Rembrandt*）的影响，他被誉为光线大师，他的画作以精湛的明暗对比和光线处理而闻名。在提示词中，*Rembrandt's light and shadow*指的是要在作品中重现伦勃朗式的光影效果，这将为画作增添一种深度和戏剧性。除此之外，加了--*q 5*参数，可以让画面的质量更高（也会消耗更多的*GPU*）。

在图3-50的提示词中则加入了更高的*s*值，使画面更具艺术性。

图3-49　Oil painting of a classical still life, Rembrandt's light and shadow, vintage, max brushwork, modern impressionism, muted color palette, Jeremy Lipking and Richard Schmid style, hyperrealism --ar 70:35 --q 5 --s 300 --v 5.2

图3-50   --s 1000

在生成图3-51时,适当调换了艺术家,从::Childe Hassam 变成了r: : John Singer Sargent,因此画面效果也有了极大的转变——更换聚焦的方法可以让我们重点突出自己想要表达的内容。

图3-51   Abstract painting of mint light Klein Blue and orange color flower : : John Singer Sargent, Childe Hassam, John Singer Sargent, Nikolai Blokhin,oil paint on canvas, impresionism art --ar 3:2 --q 2 --v 4 --repeat 5

通过图3-52所示的画面，可以看出模型使用V5的效果和V5.2、V4给人感受不一样，更多的是虚实变化，大家可以根据不同的需求来选择模型。

图3-52　Still life, abstract alla prima oil painting by Richard Schmid --ar 16:11 --q 2 --v 5

3.2.4　抽象油画案例讲解与关键词设置

图3-53的创作提示词，主要是构想一个被解构的城市景象，色彩以金色和暗红色为主（*broken field gold and sepia red deconstructed city*），这种色彩组合将会呈现出一种既有历史感又有艺术感的效果。这幅画的风格源自日本的极简主义丝网印画（*Japanese minimalist silkscreen*）。极简主义丝网印画是日本传统艺术的一种表达方式，它以简洁的线条和形状，以及对比鲜明的色彩来表达主题，画面的主体是一个单一的抽象对象（*single object abstract*），这种描述进一步强化了抽象特征。

图3-53 Broken field gold and sepia red deconstructed city, Japanese minimalist silkscreen, single object abstract --ar 16:9 --v 5 --s 750

在图3-54的创作提示词中，我们看到的主题是风格复杂且富有表现力的抽象画，其灵感来源于尼古拉·德·斯塔埃尔（Nicolas de Stael）的作品。斯塔埃尔的作品以大胆的色彩和简洁的构图而著名，他的画风可以被称为抽象表现主义（abstract expressionism），这种画风强调的是色彩和形状的自由表达，而不是对现实世界的具象描绘。这幅画还尝试模仿被毁坏的材料的质感（mimicking ruined materials），画面的主题为带状画（strip painting），这幅画也融入了抽象印象主义的元素（abstract impressionist），从而形成了厚重的肌理画面。

图3-54 A painting, in the style of textured abstract expressionism, nicolas de stael, aerial view, strip painting, mimicking ruined materials, abstract impressionist, jonas lie --ar 26:17 --q 2 --upbeta --v 5.1 --s 750

在图3-55的创作提示词中，提到了极简风格（*minimalism*），且画面的颜色组合是金色+黑色+白色（*gold+black+white*），此外，这幅画的灵感来源于吉田博（*Hiroshi Yoshida*）的作品。吉田博是日本的一位版画家和画家，他以精细的线条和富有诗意的风景画而著名。

图3-55 Minimalism Abstract painting use gold+black+white by Hiroshi Yoshida --v 5

图3-56是一幅将极简主义（*minimalist*）与中国刺绣（*Chinese embroidery*）相结合的艺术作品，表现了一个村庄的特写视角（*close-ups of the village*），包括山脉（*mountains*）、河流（*rivers*）和村庄（*villages*）。这幅画富含丰富的钩织缝纫（*rich crochet sewing*）技巧。重要的是其中也包含了抽象艺术（*abstract art*）元素，用于解构（*deconstruct*）图像，通过摩卡色彩搭配（*mocha color matching*），使整个作品充满了强烈的艺术吸引力。

图3-56 Minimalist, Chinese embroidery combines close-up close-ups of the village, mountains, rivers, villages, rich crochet sewing, minimalism, embroidery art, multi-dimensional embroidery, the use of abstract art to deconstruct the picture, the use of mocha color matching makes the whole work full of strong artistic appeal, the work uses five different The embroidery material matches Wu Guanzhong's artistic inspiration expression, new literary style, recommended by art station, Chinese contemporary Chinese painting art, texture, rich lines and the essence of Chinese painting, 4K, 8K --ar 2:3 --q 2 --v 5 --s 50

在画家和风格的参考方面,借鉴吴冠中(Wu Guanzhong)的艺术灵感表达,以及新的文艺风格(new literary style)、艺术站(artstation)和中国当代中国画艺术(Chinese contemporary Chinese painting art)。右图则是--V 5.2的效果,更加具象(刺绣)。

图3-57是聚焦海的抽象绘画(Abstract painting by the sea)。画面以柔和的色彩(pastel colors),以及木炭色(charcoal)和奶油色(cream palette)等颜色为主,这种色彩组合将创造出一种既温暖又有深度的视觉效果。

左图使用了垫图及V5版本;右图则是无垫图及V5.2版本。

图3-57 Abstract painting by the sea, pastel colors, charcoal and cream palette, minimalism --s 750 --v 5 --q 2 --ar 2:3

在图3-58的创作提示词中,用了一种名为risograph的印刷技术,它能够产生独特的质感和颜色效果,增加了画面的视觉深度和复杂性。其次,画面主题是一个手绘的、抽象的、象征性的地图(a handrawn abstract symbolic map),它指向一个奇特而神秘的极乐世界的山地景观(strange, mysterious elysian hill landscape)。这幅画使用了水彩技术,并以黑色为主色Abstract black watercolor。同时,在画面中融入了金色和红橙色的暖色调(gold, red orange warm)。

左图为V5版本,呈现结果更抽象;右图为V5.2版本,更加具象且细腻。

图3-58 Abstract black watercolor, gold, red orange warm, a handrawn abstract symbolic map to a strange, mysterious elysian hill landscape, risograph --ar 2:3 --q 2 --v 5

在图3-59的创作提示词中，使用了很多虚词，这样有助于生成更加无序的图像内容，如抽象的精神物体（*abstract spirit objects*），禁止的花丝艺术品（*prohibited filigree artwork*）。神秘和黑暗的萨满主题（*magic, dark shamanism*），营造了一种神秘而深沉的氛围。同时，画面中使用丰富的油画技法：厚重的颜料堆积（*thick paint*）、浓重的刮刀笔触（*impasto strokes*）、油画颜料（*oil paint*），以及青色调印刷术（*cyanotype*），这些都是为了丰富画面的质感和深度。同时，在色彩上，主要使用橙色和红色的色调（*orange and red hue*），以此产生强烈的视觉冲击力。

图3-59 Abstract spirit objects, prohibited filigree artwork,magic, dark shamanism, Canvas, thick paint, impasto strokes, oil paint, cyanotype, orange and red hue, by J. M. W. Turner, Richard Schmidt, Mark Legue, Jeremy Mann --ar 7:3 --v 5 --q 2

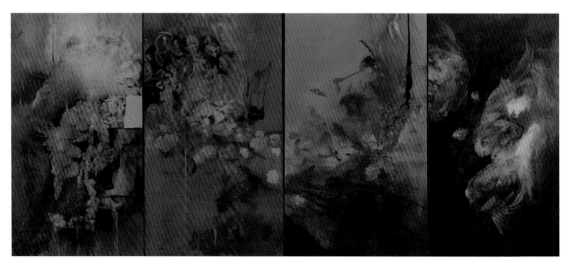

在图3-60的创作提示词中,添加了抽象的数字绘画和飞溅艺术(Abstract Digital Painting, Abstract Splatter art, Abstract Splatter art)等关键词,能够使画面具有丰富和动态的视觉效果。此画面的风格源于迪士尼(Disney inspired),可能包含一些童趣和奇幻的元素。画面中会出现一只白色的小猫(juggling a fish),同时整个画面充满了复杂的黑暗迷幻的意象(Complex Dark Psychedelic imagery)、如波点图案(Polkadot patterns)、黑暗的反射(dark reflections)、迷幻超现实的恐怖(Psychedelic surrealist Horror)和催眠螺旋(hypnotic spirals)。在色彩上,使用非常鲜艳并且清晰(vivid and lucid)的颜色,同时也会呈现出一种在黑暗中闪光的效果(glowing in the dark)。白色的光线和色调将贯穿整个画面(white light, white hues, white paint),形成强烈的对比。

图3-60 Abstract Digital Painting, Abstract Splatter art, Disney inspired, Complex Dark Psychedelic imagery, a white Kitten juggling a fish, Polkadot patterns, dark reflections, Psychedelic surrealist Horror, hypnotic spirals, vivid and lucid, shimmering, dark, shadowy, glowing in the dark, white light, white hues, white paint, expressive and dynamic expressions, cinematic view --ar 2:1 --niji 5 --style expressive

3.3 Midjourney油画展览手稿创作

3.3.1 复杂场景创作思路、案例讲解与关键词设置

本节我们试着以一个艺术展览草图的视角来创作《家乡烟囱》的主题油画。创作的主要思路：这一系列作品呈现了艺术家与家乡3517工厂烟囱深深的牵绊及记忆的流转。第一幅作品，透过实际描绘工厂生产时烟囱的工作状态，接下来的两幅作品则依序展现了艺术家在大学阶段对家乡标志性烟囱复杂的情感纠葛，以及在工厂被拆除后，仅留下的抽象记忆。这些作品是对过去的深度挖掘，也是对未来的期许。它们记录了工业化进程中家乡的变迁，捕捉了时代的脚步，并通过此触动观者对环境、记忆、家乡及时代更迭的思考。这是一次对过去的深度反思，同时也是一次对未来的憧憬，它们以工业化的变迁为背景，揭示了时代的变迁，唤起了观者对环境、记忆、家乡和时代变迁的深思。

在图3-61的创作提示词中，我们可以看到主题是关于一个工厂的抽象画，该工厂正在努力生产，而交错的钢铁厂建筑揭示出荒凉的粉末画面。此图主要参考了*Edgar Degas*、*Georges Seurat*、*Agnes Lawrence Pelton*、*Jeremy Lipking*和*Arthur Streeton*的风格。他们的风格和技巧在这个作品中得到了结合和转化，比如粉质纹理的厚重、素描的技巧，以及油画的质地等。同时，这幅画采用了极简主义的背景，使得整个画面的纹理和细节更加突出。

图3-61 Abstract painting factory is working hard to produce staggered steel plant buildings reveal desolate powder painting::Edgar Degas Georges Seurat Agnes Lawrence Pelton Jeremy Lipking Arthur Streeton sketch, Powder texture is heavy, sketch, minimalist Background powder texture, detailed texture, Oil painting texture --ar 500:1200 --v 5.2

在图3-62的创作提示词中，主题依然是工厂的抽象画，但在这个作品中，复杂和交错的钢铁厂建筑揭示出了荒凉的，同时这幅画还尝试了线性主义（lineism）的技巧，通过点和线的组合形成了抽象的工厂形象。

3.3.2 组画创作案例讲解与关键词设置

本节生成的这组作品是一组书籍的封面。我设想用AI来复原文艺复兴时期的场景——达·芬奇的老师维罗基奥在绘画，苏格拉底在谈论哲学，伽利略在观察，米开朗基罗在雕塑（不过我没有在提示词中强调他的名字）。通过一个系列的创作，有助于我们了解图像生成规律，以及如何控制生成真实的照片效果。

图3-63的创作提示词提供了一个场景的详细描述。这个场景是安德烈·韦罗基奥（Andrea Verrochio）的工作室，时间设定在15世纪的文艺复兴前期，地点在意大利的米兰；工作室内部装饰华丽，有精心绘制的油画，这些画布就堆叠在房间的后方；画架上放着各种颜料，一扇大门敞开，大量的自然光照亮了房间。在这个场景中，一位画家正在向他的学生们讲解绘画技巧。这个场景的描述是非常详细且生动的，让人可以清晰地想象出这个场景。从室内的装饰风格，到画家正在教学的情景，再到充满自然光的工作室环境，这个场景具有极强的视觉冲击力，场景中的每个元素都有其特定的目的和作用。另一方面，描述中的*still from a 90's movie*和*35mm prime lens*则表明这个场景的视觉效果。这个场景的视觉效果如同90年代电影的一幕，通过35mm定焦镜头捕捉下来，给人以电影般的视觉体验。此外，*narrative driven visual story telling*和*experimental cinematography*这两个描述则暗示了这个场景的叙事性质和实验性质。这个场景不仅仅是一个视觉上的展示，更是一个叙述性的视觉故事，充满了实验和探索的精神。

图3-64的创作提示词为我们描绘了一个历史性的场景，主要的人物是苏格拉底和他的学生们（*Socrates with his disciples*），其中包括他右侧的柏拉图，他们正在进行激烈的哲学讨论。此外，这个场景的描述还包含一些关于画面效果的提示，比如*super realistic image*和*high detailed quality image*表明这幅画的风格是超现实主义，画面的细节处理非常精细。另一方面，*Beautiful National Geographic cover photo*这个描述则表明这个场景的视觉效果如同国家地理杂志的封面照片一样，给人以强烈的视觉冲击。同时，*dynamic composition and dramatic lighting*这个描述则强调了这个

图3-62 a Abstract painting is complicated and staggered, staggered steel plant buildings reveal desolate, lineism, dot and line powder painting:: Edgar Degas Georges Seurat Agnes Lawrence Pelton Jeremy Lipking Arthur Streeton sketch, Powder texture is heavy, sketch, minimalist Background powder texture, detailed texture,Oil painting texture --ar 500:1200 --v 5.2

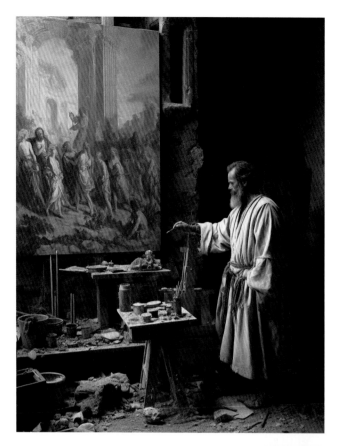

图3-63 a photo inside a 15th century pre-renaissance Andrea Verrochio's workshop, Milan italy, Baroque decoration and wooden furniture, oil painted canvas in progress stacked in the back, shelf with pigments, large door opening giving tons of natural light into the large room :: painter standing giving a lesson to his pupils, hypermaximalistic rustic 15th century pre-renaissance decor, natural volumetric lighting, still from a 90's movie, 35mm prime lens, narrative driven visual story telling, experimental cinematography, cinematic dramatic lighting, kodachrome, photographed by Sebastian Salgado with hasselblad Xpan, inspired by denis villeuneuve, --s 400 --ar 440:571 --no dof --no lamps --v 5.2

图3-64 Phylosophy banner, Socrates with his disciples, and platon on his right, ethic, they are on a phanteom, general shot, old greece, super realistic image, high detailed quality image, 8k, photorealism, The background is Plato Academy, Beautiful National Geographic cover photo, dynamic composition and dramatic lighting --ar 440:571 --v 5.2

场景的动态构图和戏剧性的光影效果,这两个元素无疑会增强这个场景的视觉吸引力。

图3-65 和图3-66运用了同样的手法来表达不同的主题。大家可以举一反三创作更有趣味的摄影作品或主题绘画内容。

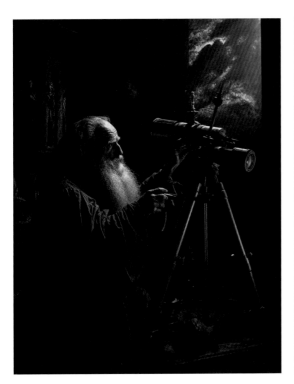

图3-65 Galileo is using a telescope to observe the mountains and cranes of the moon, hypermaximalistic rustic 15th century pre-renaissance decor, Movie texture, Renaissance, European classical atmosphere, beautiful natural light and shadow, Dramatic movie lighting, --ar 440:571 --v 5.2

图3-66 A photo inside a 15th century pre-renaissance Andrea Verrochio's workshop, Milan italy, Baroque decoration and wooden furniture, oil painted canvas in progress stacked in the back, shelf with pigments, inside cathedral, large door opening giving tons of natural light into the large room::a man making stone Sculpture, hypermaximalistic rustic 15th century pre-renaissance decor, natural volumetric lighting, still from a 90's movie, 35mm prime lens, narrative driven visual story telling, experimental cinematography, cinematic dramatic lighting, kodachrome, photographed by sebastian salgado with hasselblad Xpan, inspired by denis villeuneuve, --ar 440:571 --no dof --no lamps --v 5.2

第 4 章

Midjourney 水彩粉画创作

4.1 水彩风格案例

水彩画以其独特的透明质感和丰富的色彩表现，深受艺术家们的喜爱。在我们的案例中，AI能够模拟出几种主要的水彩画技术，包括创建真实的晕染肌理、模仿传统的水彩笔触和氛围，以及创作出有趣的动漫水彩风景。接下来我们将逐一对这些特点进行讲解。

4.1.1 水彩风景案例讲解

在水彩画中，晕染是一种常见的技术，它能使颜色在画面上自然过渡，产生柔和的视觉效果。在图4-1中，主体为云和天空（cloud and sky），利用V4版MJ中的Beta模式，搭配澳大利亚水彩画家Joseph Zbukvic作品的风格，成功模拟了晕染效果。在画面中，颜色间的过渡自然流畅且充满水痕，产生了一种真实的晕染效果。因此提示词的写作不在多，而在于精确。

图4-1　cloud and sky by Joseph Zbukvic watercolor --v 4 --ar 3:2

小提醒：Beta Upscale Redo 和 Light Upscale Redo都是V4版本中特有的放大选项，区别在于Beta模式可以生成更好的肌理效果，Light模式生成的画面光影更柔和。在实践中，更推荐使用Beta模式。

在图4-2中，我们添加了水彩纸的描述并且达到了1000的S值，画面表现的内容除了天空和云，多了一些暴雨将至的氛围。可以看到画面同样具有水彩的晕染效果，但是这里并没有使用Beta模式，生成的效果和图4-1有一些纹理上的区别。

图4-2　cloud and sky by Joseph Zbukvic watercolor, watercolor paper,16k --ar 2:1 --v 4 --s 1000

在图4-3中，艺术家并没有变化，但是使用了不同的模型版本V5.2，具有不同的表现主题——农场中漂亮的光影风景（farm beautiful landscape light and shadow），便得到了和图4-2完全不一样的效果。在V5.2版本中，艺术晕染不如V4，但是细节更加丰富。大家可以根据自己的需求来选择。

图4-3　farm beautiful landscape light and shadow watercolor paintings by Joseph Zbukvic --ar 16:9 –v5.2

在图4-4中，我们变换了生成策略。没有借鉴任何艺术家的风格，只是用充满活力的水彩风景（*vibrant watercolor landscapes*）来表达我们想要的效果，结果也可以看出明显的区别，画面的笔触更加突出且洒脱。

图4-4 birch trees in winter fine art print, in the style of light violet and black, hand-painted details, detailed backgrounds, vibrant watercolor landscapes, colorful woodcarvings, elegant use of negative space, traditional Chinese painting --ar 3:2 --q 2 --s 750

对于图4-5，我们混合了多个艺术家的风格来生成渲染般的水彩效果。相关的艺术家除了约瑟夫，还有南美乌拉圭的水彩画家阿尔瓦罗。阿尔瓦罗的水彩风格奔放、热烈、色彩和笔触极具表现力（*Joseph Zbukvic and Alvaro Castagnet*）。注意：这里选择的是*niji* 5模式里的*style cute*版本，并且C值和S值都设置到最高，可以有更多的变体和更丰富的艺术效果。

图4-6诠释了相同的提示词在不同版本里的效果。图右用到了*test*版本。这是介于*V*3和*V*4之间*V*系列的一个版本，它的逻辑性不如后面的版本强，但是有些提示词的氛围处理得很好。画作借鉴了约翰·伯格（*John Berkey*）的风格，他是一位擅长使用丙烯作画的科幻插画家，其作品笔触果敢，光影色彩对比强烈。我们跨界使用他的风格来生成水彩街景，从生成的图像中也能看到插画的影子和奇幻的光影效果。因此，我们不仅可以利用水彩画家的风格进行生成，还可以抛开画种的局限，搭配使用各种油画、插画等风格和画家，从而开创新的图像风格样式。

图4-5 Venice, watercolor paintings by Joseph Zbukvic and Alvaro Castagnet --ar 16:9 --c 100 --s 1000 --style cute

图4-6 左：transparent pale watercolor by John Berkey style, Israel oldtown Market alley at morning,clean morning blue atmosphere --ar 2:3；右：--ar 2:3 --test

生成图4-7时，要注意提示词中棕色和黑色（*brown and black*）的使用，因为很少有人使用棕色和黑色作为色调词去控制画面。但通过此处的实验，我们可以发现，合理地设计所要绘制的对象的色调词，能够营造极好的画面效果。本例在词里面也加入了反射（*reflections*），并选择了（*style expressive*）版本，设置S值为1000，可以让画面的细节和艺术性更丰富。

图4-7 venice boat in water, in the style of watercolor landscapes, brown and black, urban landscape scenes, reflections, plein-air realism, watercolor, romantic emotivity watercolor paintings by Joseph Zbukvic --ar 16:9 --niji 5 --s 1000 --style expressive

在生成图4-8时，融合了多个艺术家的风格，如约瑟夫（Joseph Zbukvic）、杰弗里·T·拉尔森（Jeffrey T. Larson）和托马斯·W·夏勒（Thomas W. Schaller）。拉尔森是美国的艺术家，以古典现实主义风格而闻名；夏勒也是美国的艺术家，是著名的水彩艺术家和建筑师。夏勒巧妙地将建筑设计的精确性与水彩画的流动性和表现力结合起来，这一点与约瑟夫类似。在融合多个艺术家风格的同时使用niji的style expressive模式，即可生成极好的色彩光影和水彩渲染效果。小提示：这组提示词的水彩晕染效果是多种水彩搭配中最好的。

图4-8 farm beautiful landscape light and shadow Watercolor paintings by Jeffrey T. Larson and Thomas W. Schaller and Joseph Zbukvic --ar 2:1 --niji 5 --style expressive

在图4-9中，融合了美国艺术家Frederick Carl Frieseke和日本艺术家冈本太郎（Tarō Okamoto）作品的风格，在不同的融合过程中，我们试着找到不同的画面效果。

图4-9　Kitchen, 2003, in the style of frederick carl frieseke, abstract painting, translucent water, Tarō Okamoto, layered organic forms, pictorial space --ar 2:1 --s 400 --niji 5

在图4-10中，我们尝试叠加了各种其他艺术风格和流派到水彩效果中。首先是#Pixelart。这是一种数字艺术风格，起源于早期的计算机图像和视频游戏，用像素点描绘图像。其次是Die Brücke（桥）。Die Brücke是1905年在德国德累斯顿成立的表现主义艺术家团体。他们以使用强烈、非自然主义的色彩描绘城市场景而闻名。这种风格在画作中可能表现为夸张和强烈的色彩。第三个比较常见：动漫美学。这种风格起源于日本的动漫文化，特点是色彩鲜艳、线条简洁，并且常常包含超现实元素。在水彩画中，这种风格可能表现为具有戏剧性的光影效果和浪漫的情感表达。图4-10是叠加了多种风格后最终产生的具有二次元水彩感觉的画面效果。

图4-10　a watercolor painting of a city at sunset, in the style of #pixelart, Die Brücke, anime aesthetic, romantic figurative works, cyan and amber, reflections --ar 2:1 --style expressive

在图4-11中，用到了"好的艺术印刷品"（*fine art print*）这种描述，但画面并没有完全表现这种特质。不过画面极好地呈现了主题：阳光下、意大利街头的咖啡厅、色彩丰富的水彩效果（*Under the sun in Italy street coffee shop, colorful*）。

图4-11 watercolor painting Under the sun in Italy street coffee shop, colorful, fine art print, textured --ar 16:9

在图4-12中,我们继续尝试融合不同艺术家的风格。*Childe Hassam*和*Edgar Payne*都是非常著名的风景画家,虽然他们属于不同的艺术流派,并且主要使用不同的媒介,但他们都以他们的风景画而闻名。画面中呈现的效果,与我预料中的*Childe Hassam*和*Edgar Payne*的风格融合是不同的(当我们拥有丰富的经验以后,就有可能预判不同的艺术家融合效果),可能是因为加入了中国福建渔村(*Chinese Fujian Fishing villages*)的描述,画面更加厚重且契合当地的一些建筑色调和结构形式。

图4-12 Chinese Fujian Fishing villages by Childe Hassam+Edgar Payn +watercolor painting --ar 2:1 --niji 5 --style expressive

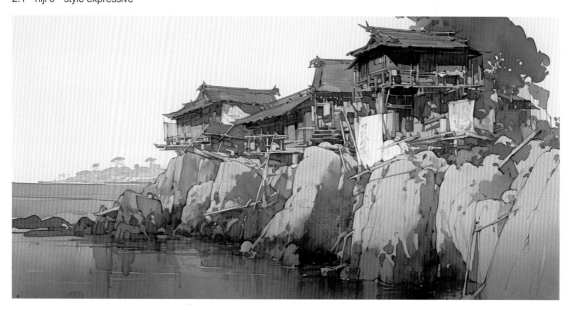

在图4-13中，融合多个艺术家的风格使画面充满了特别的氛围。托马斯·夏勒（*Thomas W. Schaller*）是美国纽约的一位专职水彩画家。拉森（*Jeffrey T. Larson*）是美国的一位油画艺术家，特别是在描绘光线和阴影方面精妙细腻。他的作品富有诗意，给人安静感，并且他善于通过日常场景中的细节传达出情感深度。提示词中"一棵巨大的老树冲破冰层"（*a massive old tree breaking through the ice*），本身就特别具备氛围感，艺术家和主题相辅相成能达到更好的效果。

图4-13　a massive old tree breaking through the ice Watercolor and Impressionistic Illustration by Jeffrey T. Larson and Thomas W. Schaller --ar 16:9 --v 5.2

在图4-14中,第一张图采用了叠图的方法,将一张油画图像上传并复制其链接作为底图,因此呈现的图像在色调和构图上和原图较为相似。其次用到了俄罗斯艺术家亚历山大·尼古拉耶维奇·贝努瓦(*Alexandre Nikolayevich Benois*)的风格,他的作品以丰富的细节、精致的色彩和对历史的深入理解而闻名,通常描绘了历史场景和人物,尤其是18世纪和19世纪的俄罗斯历史。

因此在下图中看到的是油画与水彩融合表现俄罗斯风格的建筑和人文环境的画面。

图4-14　a painting of people walking down a snowy street, a watercolor painting by Alexandre Benois, instagram contest winner, barbizon school, art on instagram, watercolor, matte drawing --ar 2:1 --iw 2 --s 400 --style expressive

在图4-15中,我们尝试通过水彩艺术来重现1950年巴黎一条美丽狭窄的小巷中小咖啡馆的桌面景象。这个场景是融合Roger Hirsch、Konstatinos Sofianopoulos和Antonio Guidotti三位艺术家的风格呈现出来的,他们的风格相辅相成,将油画质感与水彩混合,共同构成了这幅画的独特风格。

图4-15　in the table of small beautiful cafe on a beautiful narrow alley in Paris on 1950, beautiful detailed watercolor art by Roger Hirsch, Konstatinos Sofianopoulos, Antonio Guidotti --ar 2:1 --s 1000 --c 25 --niji 5

4.1.2 水彩静物花卉案例讲解

在图4-16中，我们同样没有更换艺术家，但是图像的效果和之前相差很大。这里有两个核心要素。首先是对提示词的微调：透明和苍白（transparent pale），这样的提示词组合让画面更具有水彩的透明特征，同时指向了明确的白灰色调（加入色调指向是很好的控制方法）。其次是我们在生成这张图之前迭代了多次，重做多次后找到了一张构图相对较好的图像，然后再变化（V）多次，最终找到了构图合适且笔触和晕染效果更合适的画面。（注意：在我的反复实践中发现，V4在一些提示词的表现上比更高的V5或者其他版本更好，并且达到了一个高度）。

图4-16 flower still life transparent pale watercolor by Joseph Zbukvic --ar 3:2 --v 4

图4-17同样展现了非常美好的光影花卉效果。在这张图的提示词中，更强调了光斑和光影（Sunshine spots,light and shadow），所以画面的对比更强。在版本上我选择了5.2，效果更加写实，但是艺术气息却不如V4好。

在图4-18中，我运用了叠图的技巧，添加了一张底图，并融合了日本一位独具水彩画法特色的画家——永山裕子的风格。最终呈现的内容基本符合预期，背景和桌面较好地处理了水痕，水果上的水痕平滑了一些。

图4-17　flower still life transparent watercolor by Alvaro Castagnet and Chien Chung-Wei , Sunshine spots,light and shadow --c 10 --s 320 --ar 16:9 –V 5.2

图4-18　watercolor painting by Yuko Nagayama, Fiery red hues, dreamy hazy picture, two small orange pumpkins on the table, an empty bohemian patterned bowl next to them, a few bunches of red berries scattered in the bowl and on the table, hazy ink splash ink background --ar 16:9 –v 5.2

图4-19使用的相同的艺术家，但MJ使用的是V4版本，在光影效果方面表现更好。

图4-19　flower still life by Yuko Nagayama watercolor --ar 3:2 --v 4

在图4-20中，融合的是相同的艺术家的风格，但是画面元素换成了奶油蛋糕、绿色、黑色、果酱、水果、鲜花。通过有趣的水果描述形成了丰富、有趣且又超过现实生活的画面效果。因此，在学习提示词的过程中，找到规律和进行迁移是很重要的。

图4-20　Cream cake, Green, Black, Jam, Fruits, Flowers, 2003, in the style of frederick carl frieseke, abstract painting, translucent water, Tarō Okamoto, layered organic forms, pictorial space --ar 2:1 --s 400

在图4-21中，水果的表现与图4-20就不太相同了，我们强调了食物的插画效果和水彩的手绘效果（*Food illustration, watercolor hand drawing*），画面从艺术转向了清新、透亮，大家可以根据不同的需要和主题去微调提示词。

图4-21　Food illustration, watercolor hand drawing, rich details,pink comic grid background --niji 5 --ar 2:1 --s 400

4.1.3　水彩动物案例讲解

这一组提示词非常经典，不管是用在人物、动物上，还是用在水彩、插画上，都能取得不错的效果。一方面，视角设置的是极端的近景镜头（*Extreme close-up, epic ink bending shot, POV view, first person, solo*）。另一方面，搭配了较多的中国名家，如齐白石、吴冠中、张克纯等。虽然这些人大多为水墨和摄影艺术家，但是组合在一起搭配*niji* 5的*style expressive*版本，会出现特殊的水彩水墨效果。

图4-22　Extreme close-up, epic ink bending shot, POV view, first person, solo, cute cat watercolor. by Qi Baishi, Wu Guanzhong, Zhang Kechun, anatomically correct, accurate, super detail, --ar 3:2 --s 1000 --niji 5 --style expressive

图4-23使用了旧金山水彩艺术家（*Karl Martens*）的风格，他的水彩结合中国水墨画的风格特点，大胆而奔放，可以为画面营造轻松写意的效果。

图4-23　Rhino in Karl Martens style, white background, watercolor --ar 16:9 --v 5.2

在图4-24中，我们用的是席勒（*Egon Schiele*）的风格。席勒是奥地利的一位表现主义画家，他的作品以强烈的线条、生动的色彩和深入探讨人性的主题而闻名。他的人物画作独特且具有强烈的情感表达，特别擅长捕捉人物的内在情绪和身体的动态。在V系列版本生成的图像中更贴近他本来的艺术风格，但是在我的尝试中，*Egon Schiele*与*niji* 5版本结合有种厚重的水彩效果，产生了水彩与厚涂交融的感觉。

图4-24　Halo watercolor with a gray puppy watercolor with sketching techniques, by Egon Schiele, Line draft, sketch --niji 5 --s 400 --ar 2:1

在图4-25的提示词中，提到了两位艺术家Liuyi 和 Egon Schiele，但最终的结果似乎并没有体现他们两位任何一个的特征。雄伟的狮子在奔跑，令人惊叹的史诗中国古代、水彩水墨风格（A majestic lion is running, amazing epic ancient China watercolor ink style）的描述更直观地体现在画面中。因此当重要的主题描述出现并放在提示词前面，更容易被识别。另外，当提示词变多之后，我们想要表达的内容可能被削弱权重。因此，可以通过输入两边的重点词，或者加入权重来提高重点内容对画面的影响。

图4-25 A majestic lion is running, amazing epic ancient China watercolor ink style, Chinese culture, tradition, writing brush, Blurred edges, pen, shale texture, watercolor, pencil, hand drawn animation, illustrations, charming sketches, super flat style, hazy romanticism, halo dyeing, Contrast, leave blank, by Liuyi and Egon Schiele vivid vibrant, Concept Art Realism --ar 16:9 --s 500 --niji 5 --style expressive

4.1.4 水彩头像案例

图4-26融合了多位艺术家的风格，具有捷克装饰艺术家阿尔方斯·穆哈（Alphonse Mucha）、现代水彩画家斯坦·米勒（Stan Miller）和著名水彩画家约瑟夫·兹布科维奇（Joseph Zbukvic）的独特画风。阿尔方斯·穆哈作品的线条装饰性强，斯坦·米勒作品的画面细节丰富，这3位艺术家的优势在这幅画中得到了完美的结合。同时，我们引入了由艺术家Conrad Roset提供的鲜明色彩，使整体画面色彩更丰富。V4版本的使用，使得整体画面笔触的表现更加生动、有力。

在图4-27中，我们采用了一种新的主题设定，描述了一个短暂的水彩电影中的女孩场景（One scene of a girl's fleeting watercolor movie）。通过"水彩盛开"的效果，以及使用niji 5模式，使得整个画面色彩丰富，层次分明。

图4-26 frontal-view portrait of an old bald man with broad shoulders, Artistic Style Sheet, outlines by Alphonse Mucha + facial features and brush strokes by Stan Miller + magnificently detailed background elements by Joseph Zbukvic + vibrant color accents by conrad roset + on 140 pound watercolor paper, fused --q 2 --ar 2:3 --v 4

图4-27 One scene of a girl's fleeting watercolor movie, Girl close up portrait, watercolor blooming --ar 2:3 --niji 5

在图4-28的侧面特写、白色背景、青少年（女孩）、非洲裔美国人、肖像、水彩这组提示词中，我们特意选择了特定的视角和画面布局，以及对人物肖像的特殊描述，使得生成的画面更具特色和个性。另外，V 5.2版本提供的水彩效果更加适合写实人物的水彩表达。

图4-29中的女孩侧面限定了角度（the girl from the other side），白色头发和裙子限定了具体的细节和服饰（young girl with white hair and white dress），宫崎骏纯水风格手绘（Hayao Miyazaki Junshui style hand painted）则强调了生成的画面既有动漫的情感表达，又有水彩的艺术美感。

图4-28 headshot from the side, close up on white background, teen girl, African American, portrait, watercolor --ar 2:1 –v 5.2

图4-29 the girl from the other side, watercolor, young girl with white hair and white dress，Girl close up portraits, watercolor blooming, Hayao Miyazaki Junshui style hand painted --ar 2:1 –niji 5

在图4-30的提示词中，我们进行了详细的场景描述：在路边的小女孩，以及美丽的野花（*A little girl on the roadside, beautiful wild flowers*），并将动漫美学（*in the style of anime aesthetic*）与浪漫学院风格（*romantic academia*）相结合，通过对色彩和场景的精细描绘，呈现出一种唯美的画面效果。

图4-31 A little girl on the roadside, beautiful wild flowers, watercolor, ink painting, in the style of anime aesthetic, calm waters, romantic academia, neo-plasticist, shot on 70mm, light navy and light amber --ar 2:1 --s 1000 –niji 5

在图4-31的大眼睛的女性特写、脸上流下蓝色的泪水（*close up woman with very large eyes, blue tears running down her face*）这组提示词中，我们强调了人物肖像的特写和情感表达，使得生成的画面具有强烈的情感冲击力。最重要的是C值和S值都是最高的，并且用到了*style cute*风格，因此我们在多次重新生成中找到了水彩质感的图像，尽管提示词中完全没有提到水彩。

图4-31 close up woman with very large eyes, blue tears running down her face --ar 51:91 --c 100 --s 1000 --style cute --niji 5

4.2　Midjourney色粉及水粉创作

色粉画是一种美术创作形式，主要以色粉为主要的绘画材料。色粉通常是由天然矿石粉末或人造颜料制成的，颜色鲜明且种类丰富。在绘制色粉画时，艺术家通常使用手指、棉签或特制的色粉笔将色粉在特定的画纸或布面上进行揉搓或涂抹，形成艳丽的颜色和丰富的质感。色粉画的表现形式独特，作品常常给人以温暖、柔和且朦胧的艺术感觉。

水粉画则是另一种流行的绘画形式，其特点是使用水和颜料混合来创作。水粉颜料是一种水溶性的颜料，可以被大量稀释以产生不同的透明度和色调，这使得艺术家可以创作出丰富的层次和细腻的色彩渐变。水粉画具有极高的自由度，既具有类似水彩画的透明和流动效果，也可以通过加厚颜料的使用量，创作出接近油画的浓重和厚实效果。此外，水粉画在干燥后颜色不会发生显著变化，且颜料稳定不脱落。

接下来讲解如何使用AI进行色粉画及水粉画的生成。

4.2.1　色粉画案例讲解

在图4-32这组提示词中，我们试图将奥迪隆·雷东（*Odilon Redon*）和埃德加·德加（*Edgar Degas*）两位艺术家的风格进行融合。雷东是象征主义画家，他的作品常常给人以神秘和梦幻的感觉；而德加是印象派的重要画家，他的作品以细腻的观察和生动的描绘而著名。*Pastel Painting*的特点是色彩柔和，因此最终的画面效果既包含色粉的质感，又比较柔和、梦幻。

图4-32 a still life Pastel Painting by Odilon Redon and Edgar Degas, Pastel Painting, super detail --ar 16:9 --v 5.2

图4-33是一张典型的带有色粉画肌理的图像——宏伟质朴的机械火车，色粉绘画，粉状肌理很重（*A magnificent rustic train mechanical powder painting, Powder texture is heavy*）。选择的艺术家为色粉画大师埃德加（*Edgar Degas*）。这张图并未经过多次迭代，而是一次生成的，这说明提示词的使用较为准确。请注意虚词中的宏伟、质朴及粉状肌理的描述强化了画面的效果，很多人容易忽略这些虚词的细节，因此对自己生成的画面无感染力感到不满。

图4-33 A magnificent rustic train mechanical powder painting by Edgar Degas,Powder texture is heavy, minimalist background, detailed tradition of the train texture --ar 16:9 --v 5.2

在生成图4-34时，我们运用了不同的策略，形成了不同的粉画效果。

请尤其关注两个词的作用，一是抽象（abstractist），二是荒凉（desolation）。这两个词的组合让画面不同于上面的具象绘画与肌理表现，更加充满抽象的构成感及荒芜的氛围。改变一两个提示词，可以起到不一样的画面指向。

图4-34 The abstractist epic paintings made of mechanical gears and steel pipes and architectural relics are combined with the combination of desolation and desolation by Odilon Redon and Edgar Degas, light and shadow, Powder texture is heavy, minimalist background, detailed tradition of the train texture --ar 16:9 --v 5.2

4.2.2 水粉及丙烯画案例讲解

本节生成的图4-35是非传统的水粉和丙烯画，提示词中提到了pixiv（热门的二次元绘画网站）和厚重的丙烯水彩（*thick Gouache acrylic on pixiv*）。同时，加入了许多描述环境特征的提示词，如镜面反射（*mirror like reflections*）等。对于艺术家，使用的是萨金特（John Singer Sargent），他以技巧精湛的细部处理和对光线与色彩的敏锐洞察而闻名。

图4-35 thick Gouache acrylic on pixiv, boat float on a serene lake, sunrise, mirror like reflections, Radiant Glittering Glimmering Dazzling Twinkling Flashing Shimmering Lustrous Iridescent, gouache texture, by John Singer Sargent --ar 16:9 --niji 5

在图4-36的提示词中，对主题（中国美丽脸庞的女生*female, chinese beau delicate face*）和艺术家（卡瓦西和萨金特*by Kawacy, by John Singer Sargent*）进行了微调，画面更加偏向二次元。

图4-36 thick Gouache acrylic texture,by Kawacy,by John Singer Sargent,Masterpiece, long black hair,European look, golden thorns jewelry, female, chinese beau delicate face, single person, rich details, highest quality, super detailed, Extremely exquisite, delicate decorations, energetic poses, dynamic angles, gorgeous light and shadow --ar 16:9 --niji 5

4.3 Midjourney其他水彩案例讲解

4.3.1 钢笔画及淡彩风格

在生成图4-37时,我们用到了圆珠笔(Ballpoint gel Pen)绘画风格,也可以理解为钢笔/中性笔。同时,在风格上选择了日本漫画和韩国漫画融合的形式(manga, manhwa style)。后面加入了一些虚词(Crosshatched, etched, intricated, like real life of the realworld),增加了画面的丰富性。

图4-37 cat, blue Pen line art drawn with a Ballpoint gel Pen in a book, coloring page, comic, manga, manhwa style, illustration, Crosshatched, etched , intricated, like real life of the realworld --ar 16:9 --niji 5

在图4-38的提示词中,我们试图将克洛德·莫奈(Claude Monet)和文森特·梵高(Vincent van Gogh)这两位印象派大师的风格进行融合。但是结果出乎意料地生成了二次元插画,分析这张图有助于我们了解提示词如何运作。

这幅作品的主题是"猫",我们使用了"2d~3d""negative space~flat line drawing"等描述,尝试将二维和三维、负空间和平面线条绘画等不同的元素和技术结合起来,形成一种新颖而独特的视觉效果。此外,我们还使用了"pencil~ink~carbon~marker sketch mixed media art"这个描述,意味着这幅作品将融合铅笔、墨水、碳素和素描马克笔等多种媒介,这无疑使画面的质感更加丰富。在画风上，我们采用了"*minimalism~maximalism, Divisionism~pointillism, hyperdetailed~intricated*"等描述，这意味着画面将在极简主义和极繁主义、分离主义和点彩主义、高度详细和复杂之间进行切换和融合，形成一种独特而具有深度的视觉效果。

因此，在前置的多种要素的作用下，我们的画面最终并没有体现出艺术家风格，而是体现了前置的多重限定。

图4-38　cat, 2d ~ 3d, negative space ~ flat line drawing, abstract traditional, pencil ~ ink ~ carbon ~ marker sketch mixed media art, minimalism ~ maximalism, Divisionism ~ pointillism, hyperdetailed ~ intricated, by Claude Monet and Vincent van Gogh --s 1000 --ar 2:1 –niji 5

在生成图4-39时，使用了钢笔淡彩（*Pen and WASH*）的描述，同时加入了韩国一位非常擅长水彩，晕染非常有特色的艺术家 *Sunga Park*。而在第二幅图中，我们使用了V5.2版本，虽然不如之前的奔放，但是钢笔淡彩的效果更加突出，尤其是素描的层次感和画面的逻辑性极大地增强了。

图4-39　Pen and WASH of the beautiful street view by Sunga Park --niji 5 --ar 16:9

4.3.2 其他水彩风格

除了上述常见的水彩主题和种类，还有许多使用水彩风格生成的案例。图4-40是使用MJ生成的一张水彩风格的效果图。在其提示词中，画家是Kelly Wearstler，她是美国一位著名的室内设计师，她以现代、优雅和大胆的设计而闻名。在本案例中，我们尝试以水彩画的形式模拟出Wearstler的风格。我们希望得到的是一个精细的铅笔素描加上水彩的渲染效果（Pencil Rendering, sketch, watercolor）。其他提示则围绕酒店的大堂和细节展开。在参数设置中，--no tree意味着这个画面中不包含任何树木。因为我在前几次尝试中，始终发现在大堂边上有树不符合逻辑地生长在哪里。所以也提醒大家要注意使用否定词来优化画面效果，也可以以此类推，来生成诸如产品、景观等其他方向的水彩效果图。

图4-40 Pencil Rendering, sketch, watercolor, hotel spacious lobby, Minimalist Elegance, Sculptural Forms, Organic, Serene, Neutral Tones, Soft Ambient Lighting, Contemporary, Sleek Furniture, Polished Concrete Flooring, Sheer Drapes, Statement Artworks, Sustainable Materials, in the style of Kelly Wearstler --no tree --ar 3:2 --s 500 --v 5.2

对于图4-41，我们尝试用铅笔和水彩（Pencil Rendering watercolor）相结合的方式来描绘一个禅意花园内部设计（Buddha Garden, Serene Zen-inspired interior）。通过极简主义、宁静、盆景、对称布局、日式风格、土色调、反射池、石径、光滑质

感(Minimalism, Tranquility, Bonsai trees, Symmetrical layout, Japanese style, Earthy tones, Reflecting pond, Stone pathway, Smooth texture)等描述词，我们试图创造一个充满和平与宁静的禅意空间。请注意其中的细节，对画面的氛围十分重要。在这里，我们使用了顺明正男（Shunmyo Masuno）的风格，他是日本一位知名的禅宗园林设计师，他的作品能够给人宁静和谐的感觉。

图4-41　Pencil Rendering, watercolor, Buddha Garden, Serene Zen-inspired interior, Minimalism, Tranquility, Bonsai trees, Symmetrical layout, Japanese style, Earthy tones, Reflecting pond, Stone pathway, Smooth texture, In the style of Shunmyo Masuno --ar 2:1 --s 1000 --v 5.2

图4-42我们是采用水彩插图的方式来描绘一个简单背景下的酒吧建筑（one watercolor clipart pub building）。在这里，我们引用了纳比派的风格。纳比派是19世纪末的一个法国艺术流派，他们的作品以鲜明的色彩和象征性的主题而闻名。

图4-42 one watercolor clipart pub building on a sipmle background, in the style of lush and detailed, charming character illustrations, soft, blended brushstrokes, muted colors, illustration, les nabis, realistic portrayal, dark white and green --ar 2:1 --v 5.2

我们接着尝试用水彩和铅笔素描的方式来描绘一个购物中心的分区图（zoing diagram of different zones of Shopping Mall）。通过现代建筑设计、建筑呈现、干净且详细、用粉彩色显示分区、图形风格呈现、艺术化、购物中心建筑（Modern architecture design, architectural presentation, Neat and detailed, show the zone in pastel colors, Graphic Style presentation, Artistic, Shopping Mall Architecture）等描述词，我们试图创造一个既具有艺术性又能准确表现建筑特征的作品（图4-43）。

注意：因为以上描述非常偏向设计，因此图像也具有类似效果图的效果。

图4-43 zoing diagram of different zones of Shopping Mall, Modern architecture design, architectural presentation, Neat and detailed, show the zone in pastel colors, Graphic Style presentation, Artistic, Shopping Mall Architecture, Watercolor and pencil sketch --ar 2:1 --v 5.2

图4-44提供了两种不同的视觉效果。左图：提示词中的 *Traditional Chinese Medicine, Dendrobium, Layout Reference Table* 是指引AI生成特定类型的图像，即显示传统中药和石斛的排版参考表，生成一张传统的中药教学图，其中包括石斛的描绘和可能的排版布局。*Watercolor, flat, ink outline, watercolor, flat* 部分则告诉AI使用水彩和平面的风格，用墨线勾勒轮廓，这会生成一种类似于水彩画的温和、自然的效果。右图：*watercolored beautiful spray of assorted lavender and white flowers with sage green folage mixed in* 这组提示词让AI生成一幅描绘薰衣草、白花和鼠尾草等绿色植物的水彩画，结果生成了一幅更具艺术感的插图，突出了花朵的美丽和颜色的鲜艳。

以此类推，我们可以根据这种形式生成其他植物、水果蔬菜、动物、人物等内容的水彩蓝图。

图4-44　左：Traditional Chinese Medicine, Dendrobium, Layout Reference Table, Watercolor, flat, ink outline, watercolor, flat --q 2 --v 5 --ar 2:3；右：watercolored beautiful spray of assorted lavender and white flowers with sage green folage mixed in --ar 2:3 --v 4 --s 250

下面我们尝试创建一种具有复古气息和精致细节的水彩薰衣草拼贴纸（*lavender Scrapbook paper*）。描述词包括拼贴卡片、破烂风格、精致的细节、混合媒介、复古的小物、复古的墙纸（*Decoupage card, Shabby chic, delicate details, mixed media, vintage ephemera, vintage wallpaper*）等，让人联想到一种浓厚的复古风格和手工艺气息，生成的效果如图4-45所示。当我们生成手账本、复古图像、纹理水彩图像时，就可以用到这种技巧。

图4-45 Watercolor lavender Scrapbook paper, Decoupage card, Shabby chic, delicate details, mixed media, vintage ephemera, vintage wallpaper --ar 16:9 --s 250 --v 5.2

图4-46的提示词非常简单，就是劳斯莱斯的草图。但是结果却超出了预期，在多次尝试中，我们选择了构图色彩和渲染最好的一张图，这张图像同时表现出了水彩和马克笔的质感。

图4-46 watercolor sketch of Rolls Royce Wraith --ar 2:1 --v 5.2

下面我们尝试创作一幅富有梦幻色彩、充满神秘感和氛围感的水彩画。通过柔和的色彩、闪光、闪亮的水晶、发光的生物、荧光、金色、多彩、梦幻、动漫概念艺术、动漫关键视觉、电影感、铅笔素描、水彩画、超高质量、高度详细、一个大型半透明的鲸鱼在蓝天中优雅地游动、美丽的女孩穿着花裙子、一种敬畏的感觉、神秘、大气、高亮度、粗大的轮廓、笔触、大气的灯光、锐利的聚焦、体积光、电影灯光等描述词，我们试图创造出一种既具有动漫感又具有电影感的画面。在生成的画面中，我们将看到一只巨大的半透明鲸鱼在蓝天中游动，还有一位穿着花裙子的美丽女孩（A large translucent whale swims gracefully in the blue sky, beautiful girl infloral dress），如图4-47所示。

图4-47　Pastel color, glitter, shining crystal, luminous creatures, fluorescent, golden, colorful, dreamy,anime concept art, anime key visual, cinematic, pencil sketch, Watercolor painting, hyper quality, highly detailed, A large translucent whale swims gracefully in the blue sky, beautiful girl infloral dress, a sense of awe, mysterious, atmospheric, High brightness, thick outline, brush stroke, atmospheric lighting, sharp focus, volumetric lighting, cinematic lighting --ar 2:1 –niji 5

第 5 章

Midjourney 辅助其他传统绘画艺术创作

5.1 Midjourney素描/速写创作

5.1.1 素描头像及人物案例讲解与关键词设置

下面我们尝试生成一幅美国人的素描肖像（*Detailed American sketch portraits*）。为了探索局部的素描肌理，我们使用视角限定（*close distance*）和特写（*close up*），结果可以清晰地看到铅笔的痕迹（*pencil marks*），展现出真实的素描质感（图5-1）。

图5-1 Detailed American sketch portraits, close distance, close up, pencil marks --ar 16:9 --v 5.2

图5-2的主体为一位因为生活经历而显得沧桑的白发老者（*The sketch of the old white-haired elderly, because of experience, looks vicissitudes*），这里使用了虚词。这幅画的细节丰富，采用文艺复兴艺术大师达·芬奇*Leonardo Da Vinci*风格生成（*exquisite sketching the structural performance by Leonardo Da Vinci*）。注意：我们并没有限定更具体的老人的形象和纸张，但是结果老人素描的笔法、纸张、形象均和达·芬奇画集中的手稿内容比较吻合，所以我们可以判断出达·芬奇这个词的内容是被MJ训练得较为优质的画家词语（每个画家或者风格词，训练的程度都不一样，我们可以理解为提示词的有效性是不一致的）。

图5-2 The sketch of the old white-haired elderly, because of experience, looks vicissitudes, exquisite sketching the structural performance by Leonardo Da Vinci --ar 3:2 --v 5

图5-3是使用俄罗斯绘画大师列宾（*Ilya Repin*）的风格生成的一名英俊的20岁青年的素描肖像（*Handsome 20-year-old young man sketching portrait*）。我们可以清晰地看到铅笔的层次和质感（*the level and texture of the pencil*）、丰富的光影效果，以及列宾风格的素描（*rich light and shadow and sketching physical by Ilya Repin*）。

图5-3 Ilya Repin, Handsome 20-year-old young man sketching portrait, the level and texture of the pencil, rich light and shadow and sketching physical by Ilya Repin --ar 3:2 --v 5.2

图5-4表现的是一个战斗场景。在提示词中，描述了装备枪支的英国士兵与手持剑的印度士兵之间的战斗（British soldiers with guns fighting Indian soldiers with swords）。素描词我们可以使用sketch或者sketching（英文的翻译问题，有时会被理解为草图）。

图5-4 highly detailed pencil sketch of british soldiers with guns fighting indian soldiers with swords --ar 16:9 --v 5.2

图5-5生成的是一个小场景：木制箱子（A wooden crate），里面塞满了新鲜的水果和蔬菜（filled to the brim with fresh fruits and vegetables）。这个箱子被放置在繁忙的市场街道上（sits on the bustling market street），整体画面以黑白素描的方式展现（black and white sketch），并采用了新客观主义风格（new objectivity）。画面是较好的场景素材，不过从艺术的角度看，一些虚实关系和素描的笔触生成得还不够理想。

图5-5 A wooden crate, filled to the brim with fresh fruits and vegetables, sits on the bustling market street, black and white sketch, new objectivity, 64K, hyper quality --ar 16:9 --v 5.2

图5-6展现的是一个繁忙的城市街道（A bustling city street），高楼大厦与行走的中国人形成了生动的画面（tall buildings and Chinese people walking）。注意：在提示词中用到了铅笔绘画（pencil drawing），而在图5-6中我们使用的黑白素描/草草图black and white sketch，从结果上看，采用了铅笔绘画的画面更加具备铅笔绘制的痕迹感，这一点比图5-5更好，所以有必要提醒大家，提示词的微调和准确性是非常重要的。

图5-6　A bustling city street with tall buildings and Chinese people walking, Side view, diamond wire photography, pencil drawing, 4K, high resolution --ar 16:9 --v 5.2

图5-7生成的是一个拥挤的城市街道在高峰时段的景象（a crowded city street during rush hour），使用了正面视角和反射摄影技巧（Front view，reflection photography）。reflection photography可以理解为倒影的反射，这使得画面前景的细节更加有层次。小提醒：在约瑟夫的水彩作品中，是通过自己主观的判断来虚化光影或者用概括的笔触来概括前景的，我们可以借鉴他画水彩的手法，将其添加到提示词中，即对前景和远景用提示词强化或者弱化，凸显画面的层次和空间感。

图5-7 a crowded city street during rush hour, Front view, reflection photography, pencil drawing, 16k, hyper quality --ar 16:9 --v 5.2

图5-8是一组女孩的素描头像，从中我们能看到MJ在素描图像生成方面的优势与不足。4张图分别使用V4、V5、V5.1、V5.2版本对同一提示词进行生成（我挑选了其中最不错的图像，V3几乎没法生成合适的图像）。由此可以看出，随着版本的提升，画面的细节变多了（尤其是V5.2），但细节多并不意味着画面的艺术性提高了。个人反而更喜欢V5生成的素描感觉。因此，目前在素描表达上，MJ还停留在铅笔的痕迹层面，许多尝试均无法实现较好的虚实感、灵性的炭铅笔触质感，以及对艺术家素描风格的呈现（与油画和水彩相比有较大差距）。

这里生成的是一个12岁女孩的铅笔素描头像（The 12 year old girl's sketch pencil avatar）。这幅画的光线和阴影都非常强烈（strong light and shadow）。细节描写非常丰富（rich details），尤其是女孩的头发如风吹动般飘扬（flutter, like the wind blowing），为画面增添了一丝生动，使画面具有动态感。画家的技巧和风格受到了门采尔（Albrecht Dürer，他的素描以对虚实的把控、熟练的技法表现和对物体形态与结构的准确再现而闻名）、尼古拉·费欣（Nikolai Ivanovich Feshin，他的素描作品以独特的线条、情感深沉的肖像而著称）和尼古拉·布洛欣（Nikolai Blokhin，他以高超的技巧、对人物肖像深度的捕捉和其作品中的生动感染力而受到赞誉）的影响。

图5-8　The 12 year old girl's sketch pencil avatar, strong light and shadow and rich details, the hair flutter, like the wind blowing :: Albrecht Dürer and Nikolai Ivanovich Feshin and Nikolai Blokhin --ar 3:2 --v 5

5.1.2 速写人物及风景案例讲解与关键词设置

在生成图5-9时，尝试了速写的人物表现——两位女士在纸上的草图（A drawing of two women's sketched on paper）。她们表现出的表情既奇特又有趣（quirky expressions），给人一种田园诗般的感觉（rustically）。这幅画充分利用了明暗对比法（chiaroscuro sketches）来增强效果，使用上野阳介（Yosuke Ueno）的风格（喜欢在作品中融入丰富的色彩、各种象征符号，以及眼神无辜的角色）。

图5-9 A drawing of two women's sketched on paper, in the style of quirky expressions, rustically, chiaroscuro sketches, Yosuke Ueno, rough clusters, close up, comical caricatures --niji 5 --ar 3:2

在图5-10的提示词中，我们继续施加了风格来影响草图。画家为新海诚（Makoto Shinkai，他的画风浪漫又真实），表现的是几个穿着西装的男孩和女孩坐着交谈的场景（Several boys and girls in suits were sitting talking）。

图5-11展示了农场风景的速写（速写可以被翻译为Quick Sketching）（Fast Quick Sketching painting of farm scenery）。明暗对比草图（chiaroscuro sketches）为图像增添了层次。

图5-10　pencil sketch，black and white，Several boys and girls in suits were sitting talking，Makoto Shinkai --ar 16:9 --niji 5

图5-11　Fast Quick Sketching painting of farm scenery on sketch paper, chiaroscuro sketches --ar 16:9 --v5.2

　　图5-12案例是尝试生成一个近距离的美丽而温柔的水墨面孔（*close up ink drawing of a beautiful and gentle face*），为一位具有中国西藏特色的异域风情的女孩（*an exotic girl with Tibetan*

Chinese traits）。此画风格受到以下艺术家的启发：*Brian Froud*（英国艺术家，其以对神秘生物和自然的描绘著称）、*Sergio Toppi*（意大利插画家，其以复杂的黑白线条艺术和历史题材著称）、*Philippe Druillet*（法国漫画家和画家，其以未来主义和史诗般的科幻作品著称）。图像也受到了充满活力的漫画、书籍和作品集的影响（*vibrant manga, books, and portfolios influenced the piece*），通过艺术家和风格的融合实现了有趣的速写草图（下图比较细腻，但我更喜欢上图那种自由而拟人的笔触）。

图5-12　close up ink drawing of a beautiful and gentle faces, one exotic girl in Tibetan Chinese Tibet reference sketches in the style of Brian Froud, Sergio Toppi, Philippe Druillet, vibrant manga, books and portfolios --ar 16:9 --niji 5

如图5-13所示,这是一幅迅速绘制的超复杂机械快速素描(Quick sketch of a super complicated mech),采用近景(close-up)。此图是以黑白为主(Black and white)的线稿形式(line manuscript),表现了线条艺术(line art)。画面展现了丰富的细节和精细的描绘(detailed portrayal and rich details)。这幅作品受到了金政基(Kim Jung-Gi,韩国艺术家,以出奇制胜的记忆绘画技巧和详尽的画风著称,South Korean artist famed for his remarkable memory drawing skills and intricate style)的影响。

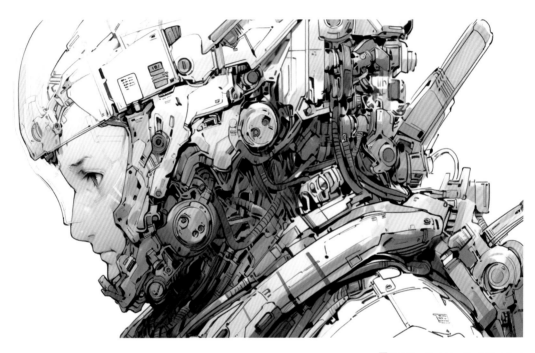

图5-13 Quick sketch of a super Complicated mech, close up, Black and white, line manuscript, line art, detailed portrayal and rich details by Kim Jung-Gi --ar 16:9 --niji 5

图5-14是一幅描绘洗衣房的素描(laundry room sketch)。在画面中,有一台洗衣机(washing machine)与白色橱柜(white cabinets),旁边堆放着一叠干净的亚麻布(stack of clean linen)。整体风格为后现代极简(postmodern minimalist style),采用了太阳化效果(solarization effect)与温暖的色调范围(warm tonal range)。此外,此作品还采用了斑点主义(tachisme)和32k超高清分辨率(32k uhd)。设计受到丹麦设计风格(danish design)的影响,设计十分精细(meticulous design)。同时,这幅作品受到了毛里斯·德·弗拉明克(maurice de vlaminck,法国画家,以野兽派著称,French painter known for his Fauvist style)的启发。此外,这是一幅迷人的素描(charming sketches),采用平面风格(flat)。这幅作品还包括厨房的白色素描(white sketches of the kitchen),展示了厨柜的设计(kitchen cabinet design),以及光与影的现实

描绘（realistic depiction of light and shadow），色彩鲜艳（bright colors），细节描绘丰富（high detail illustrations）。作品中还展现了立体的分层（volumetric layering），具有现代感（modern），并且画面中的角度尖锐（sharp angles），以淡琥珀色和灰色为主色调（light amber and gray）。

图5-14 laundry room sketch, washing machine with white cabinets, stack of clean linen, postmodern minimalist style, solarization effect, warm tonal range, tachisme, 32k uhd, danish design, meticulous design, maurice de vlaminck, charming sketches, flat. white sketches of the kitchen, kitchen cabinet design, in the style of realistic depiction of light and shadow, bright colors, high detail illustrations, volumetric layering, modern, sharp angles, light amber and gray --v 5.2 --ar 16:9

5.2 Midjourney中国画/水墨画创作

5.2.1 中国画案例讲解与关键词设置

本节我们尝试复刻传统中国画的画面（图5-15），采用了工笔画的技法（gongbi painting），展现了远处的雪山（distant mountains, snow）与近处的光秃秃的树枝（near empty branches）。同时，画面中还有几条垂钓的船（fishing boats），呈现了一个古老的中国乡村景象（ancient chinese countryside scene）。在提示词末尾进一步重复了工笔画风格（Chinese gongbi *style*）。色彩更丰富的是下图（*V5.2*版本中），而*V5*版本（上图）表现得更像传统的中国画内容。

图5-16将刺绣与中国山水画（*Embroidered Chinese landscape paintings*）融合在一起，使用抽象的线程精细地缝合在一起（*intricately stitched together with abstract threads*）。画面展现的是美丽的中国乡村风景（*beautiful scenery of rural China*），并受到了吴冠中（*Wu Guanzhong*）的启发。该作品线条清晰（*crisp*），色彩鲜艳明亮（*Bright and full of color*），这种色调控制是不同于传统绘画的，画面具有独特的视觉语言。

图5-15 gongbi painting, distant mountains, snow, near empty branches, fishing boats, ancient chinese countryside scene, chinese painting, Chinese gongbi style --ar 16:9 --v 5；v5.2

图5-16 Embroidered Chinese landscape paintings, intricately stitched together with abstract threads. The beautiful scenery of rural China was inspired by Wu Guanzhong. crisp. Bright and full of color. --ar 16:9 -- v5.2

下面继续了现代和传统融合的尝试（图5-17），画面展示了一个拿着满篮鸟儿的男子（a man with a basket full of birds）。整体色调以浅绿松石色（light turquoise）和深米色（dark beige）为主，展现了人物精致的和服（elaborate kimono）和尊贵的身份（noble figures）。这幅作品在风格上受到了由桂由树（Yuki Katsura）的启发，融合了西方现代艺术的元素与日本传统美学。

图5-17 in chinese painting, a painting shows a man with a basket full of birds, in the style of light turquoise and dark beige, meticulous portraiture, elaborate kimono, noble figures, Yuki Katsura, light orange and dark green, cultural symbolism --ar 16:9 --v5.2

图5-18采用了中国古代的绘画风格（Chinese ancient painting style），以木炭（charcoal）和水彩（watercolor）为媒介，呈现出

一种抽象的风格（abstract）。画中美丽的植物（beautiful plants）和大块的山色（big color block of the mountain）形成了鲜明的对比。在图像中，颜色的融合最有趣，将装饰风格（decorative style）与淡绿色（light green）和银色（silver）色调结合。

图5-18 Ambrogio Lorenzetti, Chinese ancient painting style, charcoal, watercolor, abstract, beautiful plants, big color block of the mountain, decorative style, light green, silver, --ar 16:9 --v 5.2

图5-19是使用简约风（The minimalist style）并带有印刷特点（prints）的提示词来生成的。此图为古代风景画（ancient Landscape painting），描述了一种诗意的氛围（poetic）。画中的中国建筑（invisible Chinese architecture）几乎隐形，但在前景的长卷（foreground of the long scroll）中，建筑物以金色为主（highlighted in gold），树木（trees）和帝王（emperors）风格装饰着天堂（adorn heaven）。

图5-19 An ancient Landscape painting, depicts a poetic, invisible Chinese architecture, and the prospect is a Chinese towel. In the foreground of the long scroll, the buildings are highlighted in gold. No other mixed colors were added to the building. Against a matte black background. Trees and emperors adorn heaven, The minimalist style, prints, --ar 16:9 --v 5.2

图5-20是用niji 5模式复刻古代的场景。背景设定为中国的唐代（Tang dynasty in China），主体描绘了室内场景（interior），一位古代的中国君王（ancient Chinese monarch）身穿华丽的衣物并佩戴着玉带（dressed in ornate clothes and wearing a jade belt）。他与一个下属官员坐在一起，面对着一个巨大的地图或战略图进行讨论（facing a huge map or strategic map to discuss）。

图5-20　An ancient Chinese monarch, dressed in ornate clothes and wearing a jade belt, sits with a subordinate official, facing a huge map or strategic map to discuss, interior, graphic design style, flat painting style, Tang dynasty in China, exaggerated perspective, thrilling moments --ar 16:9 --niji 5

图5-21尝试了还原古代宏伟的建筑，描绘了中古楼（Zhonggu Lou），下面是一个高大的灰色砖城墙（high gray brick city wall）。此作品采用了宋徽宗（Song Huizong）画作的风格，其中细致的工笔绘画技术（meticulous Gongbi painting technique），仿佛有着古代中国画的感受（mimicking the intention of ancient Chinese paintings）。背景是绿蓝色的，具有古老的外观（green-blue color with an aged appearance），仿佛在中世纪时代绘制在古老的丝绸上（as if painted on ancient silk in the medieval era），展现了中国传统的工笔画风格（showcasing the traditional style of Chinese Gongbi painting）——纸张、颜色、风格的限定与强调。

图5-21 The painting depicts the Zhonggu Lou, a grand and tall ancient Chinese architecture, with a high gray brick city wall below. Executed in the style of Song Huizong, the meticulous Gongbi painting technique includes calligraphy and seals, mimicking the intention of ancient Chinese paintings. The background is a green-blue color with an aged appearance, as if painted on ancient silk in the medieval era, showcasing the traditional style of Chinese Gongbi painting, --ar 16:9 --v 5 / 5.2

　　图5-22是使用水墨绘画风格（ink painting）绘制的一个具象的老者——一个男人（close-up of a man）坐在地上（sitting on the ground）。他的头部是秃的（bald head），有着白色的胡须（white beard），身体瘦弱（thin body）。他是传统的中国道士

（traditional Chinese priest），手里拿着酒罐（holding a wine jar）；他面对着镜头（facing the camera），张开嘴巴（open mouth）；背景是户外（outdoor），有河流（river）。这里的每一个词都是具象、清晰的词，因此更容易被AI准确呈现。

图5-22　Chinese paintings, ink painting, close up, costume, a man sitting on the ground, bald head, white beard, thin body, traditional Chinese priests, holding wine jar, facing the camera, open mouth, outdoor, river, river --ar 16:9 --niji 5

在图5-23中，一个女子坐在王座上（sitting on a throne）。她身着豪华和皇家的服饰（luxurious and imperial attire），展示她作为一个王室人物的地位（showcasing her status as a regal figure）。在风格上，是华丽的长袍和复杂的珐琅质头饰（Style depicted wearing ornate robes and intricate enamel headdresses）。通过一系列的服饰、装饰、身份提示词明确主体的身份和形象特征。

图5-23　An asian painting of a woman sitting on a throne, luxurious and imperial attire, showcasing her status as a regal figure. Style depicted wearing ornate robes and intricate enamel headdresses, indicating her position as the highest ranking woman in the Qing court. The paintings typically depict her with a composed and authoritative expression, color use of elegant greens, Chinese red and dark teal highlighting her strength and political prowess.orthogonal --s 180 --style cute --ar 16:9

5.2.2 水墨风案例讲解与关键词设置

图5-24采用了中国传统的水墨绘画技巧（Ink）和泼墨技法（Splash ink）。画面主要表现的是竹子（Bamboo），充分展现了中国画的独特魅力和风格（Chinese Painting）。

图5-24　Ink, Splash ink, Bamboo, Chinese Painting --ar 16:9 --s 400 --niji 5

图5-25表现的是中国的国宝——大熊猫（One Chinese panda），中华民族受保护的动物之一（one of the protected animals of the Chinese nation）。画面为近距离特写（close-up），熊猫坐在石头上（on the stone）。在技法上，采用墨与水的融合（ink and water blend），在风格上，受到了仇英（Qiu Ying）和张大千（Zhang Daqian）（两位中国古代著名的画家，以传统的水墨画技巧和独特的艺术风格闻名）的影响。

图5-25　One Chinese panda, one of the protected animals of the Chinese nation, close-up, on the stone, ink and water blend, art Qiu Ying, Zhang Daqian, --s 400 --ar 16:9 --niji 5

图5-26生成的是神话中的生物——一个纯洁无瑕的白色麒麟（An immaculate white qilin），它有螺旋状的角和光滑的鬃毛（spiraling horn and smooth mane），站立在云雾缭绕的天空中（standing amidst clouded skies）。麒麟身上散发出五色的吉祥光芒（suffused in five-colored auspicious glows），其光滑的皮毛用浓郁的矿物色和朱砂精心描绘（delineate its glossy fur with intense mineral colors and cinnabar），用饱和的水墨描绘其端庄的坐姿（depict its poised seated posture with saturated ink wash）。在niji模式下，这只麒麟更具动画韵味。

图5-26 An immaculate white qilin with spiraling horn and smooth mane standing amidst clouded skies, suffused in five-colored auspicious glows. Delineate its glossy fur with intense mineral colors and cinnabar, depict its poised seated posture with saturated ink wash, conveying a vivid serene portrayal --s 400 --ar 16:9 --niji 5

图5-27我们尝试了有趣的混合，使用查尔斯·雷尼·麦金托什（Charles Rennie Mackintosh，苏格兰设计师和建筑师，以先锋的现代设计而闻名）的风格，展现飞扬的叶子和随风舞动的美（Fluttering leaves，Beauty in the wind）。画面中使用了少量的墨水（A little ink）和铅笔线条（pencil lines），展现出半透明（Translucent）的效果。在色彩上，主要使用了白色（white）、黑色（black）和淡金色（light gold）。最终的画面效果脱离了水墨，变得更加有设计感，叶子的大小聚散组合富有装饰意味。

图5-27 Charles Rennie Mackintosh, Fluttering leaves, beauty in the wind, streamers, clouds, A little ink, pencil lines, Translucent, white,black, light gold --v 5 --ar 16:9

5.3 Midjourney版画/雕塑/壁画创作

5.3.1 版画案例讲解与关键词设置

图5-28采用传统版画技术展现了一辆*Dodge Charger*，以黑白的抽象风格来描绘。版画技术是一种通过雕刻并使用油墨印刷的方法来制作图像的技术，这里采用了黑白线刻版画（*linocut*）技术，强调了*Dodge Charger*的轮廓和特点。

图5-28 an abstract black and white linocut of a Dodge Charger, printmaking --ar 16:9 --v 5.2

在图5-29中,重点使用了丝网印刷的版画(*Silk net print*,丝网印刷是一种以丝网为基础,通过印刷油墨在材料上制作图案的技术),展现了一种丰富且抽象的美感,同时画面中充满了装饰性的元素和丰富的细节(*with decorative, rich details the texture and charming details of the screen prints*)。

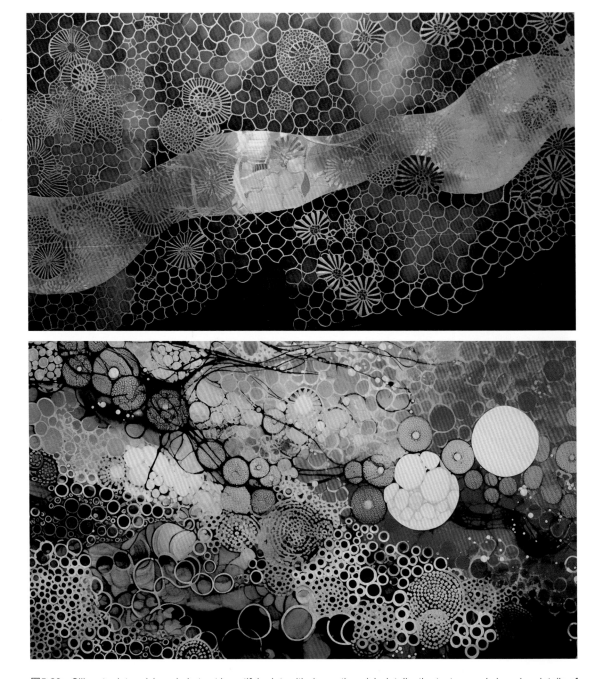

图5-29　Silk net print, a rich and abstract beautiful print, with decorative, rich details, the texture and charming details of the screen prints --ar 16:9 --v 5.2

图5-30是一幅风格化的、极简主义版画艺术作品（a stylized minimalist printmaking aesthetic）。画面展现了一组放在手工陶瓷盆中的室内热带植物（assorted of lush indoor tropical plants in handmade ceramic pots），窗台上的盆子边缘有小鸟停歇（birds perched on pot rims），清晨的阳光洒落，为整个场景带来了温暖的光辉（morning sun shining）。在风格上，我们采用了复古的分层蚀刻技术（vintage layered etching）。最后，石版画的细致线条为作品增添了深度（lithographic detailed lines）。

图5-30　a stylized minimalist printmaking aesthetic, assorted of lush indoor tropical plants in handmade ceramic pots, next to a window, birds perched on pot rims, morning sun shining, in the style of texture exploration, realistic perspective, vintage layered etching, muted colours, green, red, indigo, ochre and bronze, lithographic detailed lines --ar 16:9

图5-31是一个混合风格的版画。画面展现的是中国画风格的风景与人物（Chinese painting of landscapes and figures），同时采用了极简主义的版画风格（Minimalism printmaking），融入了贝雕技艺（shell carving）、贝光（shell luster）、丝绸画风格（silk painting）、全息摄影技术（holography）和中国朋克风（chinapunk）。黑色为画面确定了基调（black background），并融入了深银色（dark silver）和浅绿宝石色（light emerald）。

图5-31 A chinese painting of lanscapes and figures, in the style of Minimalism printmaking, shell carving, shell luster, a painting shows groups of peopleon a black background, in the stvle of silkpainting, holography, chinapunk, dark silverand light emerald, wallpaper, precise,detailed architecture paintings, HD32kresolution --s 120 --ar 16:9 –v 5.2

　　图5-32采用了版画技巧（*Printmaking techniques*）并结合了敦煌（*Dunhuang*）文化元素和赛博朋克风格（*Cyberpunk style*）。画中是一个佛像的肖像（*Portrait of a buddha*），以极简主义（*Minimalist*）和立体派（*Cubist*）的手法呈现。在色彩上，有魔法般的紫外线色彩（*magic ultraviolet*），结合了黑色（*black*）和橙色（*orange*），打造出充满光亮的视觉效果（*full light*）。

图5-32　Printmaking techniques, Dunhuang, Cyberpunk style Portrait of a buddha minimalist cubist magic ultraviolet, black, and orange colors full light --ar 16:9 --v 5.2

5.3.2　雕塑案例讲解与关键词设置

　　下面我们尝试一个泥塑的案例（图5-33）。超现实风格的棕色黏土制躯干雕塑（*ultra realistic brown clay sculpture*），展现了一个小孩的上半身（*young little kid*）。雕塑中的脸部、种族、头发、胡须都是随机展现的（*random face, random ethnicity, random hair, random beard*），整个雕塑上有许多裂痕和洞口（*super cracked and many holes*），呈现出一种悲伤的情感（*sad*）。提示词中对于雕塑细节的描述，如果主体是木雕，则可以描述木雕的木纹及色彩细节等。这个作品采用前景放大的方式展现（*front zoom*），并具有精美的细节（*nice details*）和焦点（*nice focus*，摄影技术，为画面带来了景深）。超暗的颜色（*super dark colors*）和重影效果（*heavy shadows*）为雕塑增添了神秘感。无任何分心的元素，全心展现角色的设计（*with no distracting elements that detract from the character's design*）——使用否定词，排除其他影响元素。

图5-33　ultra realistic brown clay torso sculpture with of young little kid, brown clay sculpture style, random face, random ethnicity, random hair, random beard, super cracked and many holes in sculpture, sad, realistic, front zoom, nice details, nice focus, 4k, super dark colors, heavy shadows. with no distracting elements that detract from the character's design, evil theme --ar 1:1 --v 5.1 --s 750

图5-34生成的是一个单体雕塑。这是一座位于城市中心的抽象石雕（*An abstract stone sculpture*），与青瓷文化（*celadon culture*）有关，同时也是艺术收藏品（*Popular artistic collection sculpture*）。

图5-34　Located in the city center, An abstract stone sculpture, celadon culture, Popular artistic collection sculpture, --ar 16:9 --v 5.2

图5-35表现了有趣的哈尔滨充满了艺术性的公共冰雪雕塑（*harbin in China is full of artistic public ice and snow sculptures*）。其中，冰龙（*ice dragon*）尤为引人注目，这是一座有趣的龙形冰雪创意雕塑（*interesting dragon's ice and snow creative sculpture*），细节丰富（*rich details*）。

图5-35　harbin in China is full of artistic public ice and snow sculptures, ice dragon, interesting dragon's ice and snow creative sculpture, rich details --ar 16:9 --v 5.2

图5-36展现的是一座充满动感和张力的公共艺术创意雕塑（The shape full of dynamic and tension Public art creative sculpture）。它使用大胆的颜色和形状（bold colors and shapes），是一种与社区互动的公共艺术装置（Interactive public art installations that engage the community）——通过强调公共艺术和颜色形状来生成公共雕塑。

图5-36 The shape full of dynamic and tension Public art creative sculpture, bold colors and shapes,Interactive public art installations that engage the community. --ar 16:9 --v 5.2

图5-37生成了一个复杂的蜂鸟浮雕。闪亮的蜂鸟纹理（Hummingbird texture），采用了金继修复技术（shiny kintsugi）和众多珍贵的矿物质来渲染，如亚马孙石（amazonite）、拉不拉多石（labradorite）、绿松石（turquenite）、孔雀石（malachite）和绿锌矿（zoisite）。雕像采用了白色和金色的大理石纹理（sculpture statue porcelain white and gold marble），并点缀有钻石（diamonds）和多种花卉，如野生西番莲（Wild Passion Flower）、观星百合（stargazer lily）、鸡蛋花（Plumeria）和粉红大丽花（pink dahlias），具体的材料和花卉为画面的与众不同奠定了基调。这幅作品受到了新川洋司（Yōji Shinkawa，日本艺术家，以"合金装备"系列中的艺术设计而闻名）的风格影响，除此之外，还限定了灯光、渲染方式和风格，如低光照（Low light）、电影般的灯光（Cinematic lighting），提示词中的其他描述如使用NVIDIA Iray进行渲染（render, artstation）、平滑（Smooth）、焦点清晰（sharp focus）、摄影现实主义（Photorealism）、真实的细节（Realistic Detail）、景深（Depth of field，3D效果3d）、超分辨率（Super resolution）、采用辛烷渲染（octane render）、长时间曝光（Long exposure）、采用虚幻引擎（unreal engine）制作等。

图5-37　Hummingbird texture shiny kintsugi amazonite, labradorite, turquenite, malachite and zoisite mineral marble texture, precious minerals, sculpture statue porcelain white and gold marble, diamonds, many flowers Wild Passion Flower, stargazer lily, Plumeria, pink dahlias, detailed eyes, full Perfect head, symmetrical, no long neck, Intricate detail, in the style of Yōji Shinkawa, Concept art, Middle shot portrait, full face, full head, toy Golden ratio, ultra high details, full face, symmetrical eyes, Low light, Cinematic lighting, NVIDIA Iray render, ultra high definition, artstation, Smooth, sharp focus, Photorealism, Photography, Realistic Detail, Depth of field, 8k, Full HD, 3d, Super resolution, octane render, Long exposure, unreal engine --ar 2:1 --v 4

图5-38是我们尝试生成的简单的女性石雕图像。这是一座用柔和的大理石雕刻出的整个宇宙中具有异国情调的放松的女性（*soft marble sculpture of a cosmic monolithic exotic relaxed woman*）。雕像上镶嵌有分形和几何形状的珠宝（*fractal and geometrical jewels*），整体展现出了一种柔和且高级的质感。

图5-38　soft marble sculpture of a cosmic monolithic exotic relaxed woman with fractal and geometrical jewels --v 5.2 --ar 2:1

图5-39是我们进行的一个有趣的高达手办生成实验（我们从雕塑拓展到了手办玩具等）。这幅作品展现了移动战士高达（Mobile Suit Gundam）的手办，整体都是由玉石雕刻而成的（all carved from jade），呈现出一种传统中国风格的大理石雕塑（marble sculpture traditional Chinese style）。作品采用辛烷渲染技术（octane render），展现了工作室光线效果（studio light），展现出一种神圣的幻想感（divine fantasy），并且画面采用了超近距离拍摄（extreme close up）。

图5-39 a Mobile Suit Gundam, All carved from jade on a large transparent surface, internally lit by bright green light, marble sculpture traditional Chinese style, detailed texture, standing on a base, centred composition, octane render, studio light, 8k, symmetrical, divine fantasy, extreme close up, --v 5.2 --ar 2:1

图5-40是进行的趣味雕塑的尝试，我们看到了一个小型的中国释迦牟尼头部的石雕（Small scale Chinese Sakyamuni head stone sculpture），旁边是岩石、亭子（rock, pavilion），还有树木（tree），展现出了一种超现实的场景（surreal scene）。这幅作品是由摄影师张可春（Zhang Kechun）拍摄的，他的作品通常包含传统与现代、自然与人为之间的对比。并使用摄影（photography、photoshoot）及photorealism（真实感）等提示词来增强写实属性。

图5-40 Small scale Chinese Sakyamuni head stone sculpture and rock, pavilion and tree, surreal scene, by Zhang Kechun, photography, 8k, photography, photoshoot, photorealism --ar 16:9 --v 5.2

图5-41生成的是一件细节丰富的精致的火马雕塑（exquisitely detailed fire horse sculpture），它仿佛是从熔化的玻璃中生长出来的（growing from molten glass，我们可以拓展为玻璃艺术的灵感）。这件雕塑展现了令人震惊的细节（insane amount of detail），并使用了背光（backlit）和工作室照明（studio lighting）来强调火焰（flame）的效果，采用的是辛烷渲染技术（octane render）。

图5-41　exquisitely detailed fire horse sculpture growing from molten glass, insane amount of detail, workshop background, backlit, studio lighting, photography, flame,octane render, 8k --ar 16:11 --v 5.2

图5-42进一步尝试了不同材料的雕塑——一座用镜面光亮的铬金属制作的女性雕塑（mirror shined chrome metal women sculpture），将其命名为Ka，位于森林中，反射着她的存在（reflecting on her being）。这座雕塑与其所处的自然环境形成了鲜明的对比。

图5-42 mirror shined chrome metal women sculpture Ka in the forest reflecting on her being --ar 16:11 --v 5.2

图5-43是利用土屋仁应（*Yoshimasa Tsuchiya*，他使用桧木和樟木进行创作，其雕刻作品包括人物、动物等都栩栩如生）风格生成的一座纯黑色有角山羊雕塑（*pure black horned goat*）。它的颜色如同墨黑的冰激凌（*inky black ice cream coloured*），雕塑的细节精致如同金属丝（*filigree*），散发出一种不详（*ominous*）和天体（*celestial*）的氛围。这件雕塑既精致（*delicate*）又梦幻（*dreamy*），仿佛是从另一个空灵（*ethereal*）的世界中带来的。

图5-43 A Yoshimasa Tsuchiya sculpture of a pure black horned goat, inky black ice cream coloured, filigree, ominous, celestial, delicate, dreamy, ethereal, art photography, midnight hour --ar 16:11 --v 5.2

图5-44中是一个有趣的玩具雕塑。在粉红色背景上，有一个红色的机器人——龙虾形状的玩具（*red robot lobster shaped toy*）。这个玩具设计采用了半透明浸没风格（*translucent immersion*），内

部可见电路设计（circuitry）。这件作品具有对称（Symmetric）摄影构图（constructed photography），同时带有海洋魅力（nautical charm），以及药物核心（drugcore）等风格的元素。

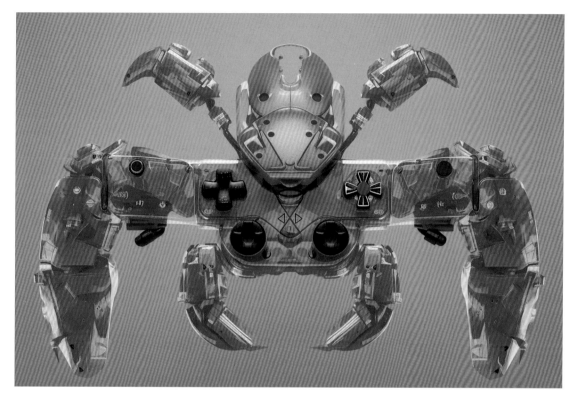

图5-44　a red robot lobster shaped toy is on a pink background, in the style of translucent immersion, circuitry, Symmetric, constructed photography, nautical charm, drugcore, angura kei, clear and crisp, Symmetrical composition, top view --style expressive --ar 16:9 --niji 5

在生成图5-45时，我们尝试以V5.2和niji5版本生成中国风玩具，可以发现V系列版本生成的效果更加真实，而niji系列生成的效果更加可爱。上图可爱、胖乎乎的中国龙（very cute fat Chinese dragon）有一个大而圆的头（big round head），以及一个大而圆的身体（big round body）。龙的眼睛非常大（big eyes），而它的肚子也是圆滚滚的（round belly）。下图中的龙没有脖子（no neck）并且非常胖（fat）。它的设计采用了几何形态（geometry），让人想起了盲盒（blind box）和IP形象（ip image）的设计风格（属性限定）。这也是一个时尚玩具（fashion toys），采用了C4D风格（C4D style），其材质如同黏土（clay material），色彩鲜艳（bright colors），背景是干净的单色（clean color background）。

图5-45 a very cute fat chinese dragon, big round head, fat, big round body, cute, big eyes, round belly, no neck, fat, geometry, blind box, ip image,fashion toys, C4D style, clay material, character in bright colors, a clean color background,best quality --s 180 --ar 16:9 --niji 5

5.3.3 壁画案例讲解与关键词设置

在本节中，我们将尝试使用生成提示词来复刻敦煌壁画的内容。图5-46是使用张大千（20世纪中国最著名的画家之一，他为了保护和复制莫高窟的壁画而作出重要贡献）的风格来生成的敦煌故事（dunhuang story），并强调敦煌壁画（Dunhuang Murals）。色调结果比较相似，但并没有敦煌壁画厚重的纹理感。

图5-46 dunhuang story, by Zhang Daqian, Dunhuang Murals --ar 2:1 --v 5.2

图5-47是采用3个主题的描述来呈现的，我们看到了较好的壁画质感，主题为莫高窟的壁画（The murals of Mogao Grottoes）。在画面中，完美的壁画表现（perfect mural performance）和真实的壁画绘画痕迹（real murals, painting traces）都被生动地展现了出来，强调了壁画的纹理与特性。其中的代表性作品如《鹿王本生图》（Deer King Ben Sheng）和《张骞出使西域》（Zhang Qian's envoys in the West）。

图5-47 The murals of Mogao Grottoes, coloring, perfect mural performance, real murals, painting traces, the story of the story is composed of Buddha's story, the story of the original life, the story of the cause, and the historical story. Representatives are "Deer King Ben Sheng", "Zhang Qian's envoys in the West" --ar 16:9 --v 5.2

莫高窟的佛像（图5-48）主要以佛教和佛文化为主（The Buddha statue of the Mogao Grottoes in Dunhuang is dominated by Buddhist and Buddhist culture），其中代表性的作品为《引路菩萨》（Guide to the Bodhisattva）。

图5-48　The murals of Mogao Grottoes, coloring, perfect mural performance, real murals, painting traces, The Buddha statue of the Mogao Grottoes in Dunhuang is dominated by Buddhist and Buddhist culture; with a variety of Buddhist statues and the relationships of Buddhism and people, it shows people's pursuit of the world and spirit of the gods. Representative is "Guide to the Bodhisattva" --ar 16:9 --v 5.2

图 5-49 为水月观音。玉林窟第二窟的北墙上，有一幅由张大千复制的壁画 [the northern wall of the 2nd Cave of Yulin Cave（Zhang Daqian Copy）]。此画描绘了水月观音（The water and moon Guanyin），在朦胧的月光下，她安详地坐在宝座上，如同一位华贵的淑女（just like a luxurious lady）。水月观音依靠着山石（leaning on the mountains and stones），后面是茂密的竹林（bamboo forests behind the mountain）。她被一道透明的光环所笼罩（shrouded in a transparent aura），端坐并望向被云遮住的圆月（looking at the rounded moon covered by the clouds）。前方有流水（flowing water），而水中的莲花仿佛沉浸在这宁静的月夜中（the lotus flowers in the water seem to be immersed in the quiet world of this moon night）。水月观音似乎在倾听世间的疾苦，随时准备以慈悲之心去拯救那些受苦的人们（it seems to listen to the world's sufferings, ready to rescue those who suffer with a compassionate mind）。

第5章 Midjourney辅助其他传统绘画艺术创作 177

图5-49 The murals of Mogao Grottoes, coloring, perfect mural performance, Guanyin Guanyin, the northern wall of the 2nd Cave of Yulin Cave（Zhang Daqian Copy）The water and moon Guanyin painted in the north wall, leisurely and quietly in the throne in the hazy moonlight, like a luxurious lady, leaning on the mountains and stones, surrounded by bamboo forests behind the mountain, Guanyin was shrouded in a transparent aura. Righteousness, looking at the rounded moon covered by the clouds in the sky, there is a flowing water in front of the water, the lotus flowers in the water seem to be immersed in the quiet world of this moon night, and it seems to listen to the world's sufferings, ready to rescue people who suffer from suffering at any time with compassionate minds --ar 16:9 --v 5.2

图5-50的主题为中国北京军事博物馆的作品（military museum in Beijing, China）。采用了高度写实的壁画技法（hyperrealistic murals），结合了革命性的构图技巧（revolutionary composition techniques）。此画受到了美国艺术家温斯洛·霍默（Winslow Homer）的影响。同时，这幅画也具有动感十足的卡通风格（action-packed cartoons）和Andrzej Sykut（波兰数字艺术家，以超写实风格和3D渲染技巧而闻名）的影子。画中展现了二战时期的中国军队（World War II Chinese Army），主要的色调为草黄和深灰（Grass yellow and dark gray），展现了紧张的战争场面（intense action scenes）。

图5-51是一个涂鸦类型墙绘的呈现——绘制在一个历经岁月沧桑的砖墙上（mural on an aged brick wall），画面展现了一个类似喷漆的色彩鲜艳的场景（spray paints and vivid colors）。

图5-50 military museum in Beijing, China, in the style of hyperrealistic murals, revolutionary composition techniques, Winslow Homer, action-packed cartoons, andrzej sykut, World War II chinese Army，Grass yellow and dark gray, intense action scenes --ar 2:1 --s 750 --v 5.2

图5-51 a mural on an aged brick wall with a comparison between a syringe and a shield, spray paints and vivid colors, --ar 16:9 --v 5.2

5.4　Midjourney马克笔/彩铅创作

5.4.1　马克笔案例讲解与关键词设置

　　本节我们将探索马克笔的绘画形式。绘画湖中的未来主义小建筑（drawing of a futuristic small building in the lake），采用了 Derek Gores（美国艺术家，以碎纸拼贴画而著称）的风格（图5-52）。作品的色调为天空蓝（sky-blue）、青色（cyan）及宝石绿（turqoise）。画面中的建筑体现了生物仿生美学（biophilic aesthetics），同时也可以看到与苏格兰风景相结合的建筑草图（architectural sketches combined with Scottish landscapes），同时强调了透视结构（blown-off-roof perspective）。

图5-52　a drawing of a futuristic small building in the lake, in the style of derek gores, sky-blue and cyan and turqoise, biophilic aesthetics, architectural sketches, scottish landscapes, blown-off-roof perspective, hyper-detail --ar 16:9 --v 5.2

图5-53的主题为现代风格的景观设计图（*Landscape design drawing in modern style*）。作品采用了马克笔进行绘制（*marker sketch*），展现了逼真的风格（*realistic style*）。在提示词中加入了真实风格后，画面更加偏向马克笔绘制的写实风格的图像。

图5-53　Landscape design drawing, modern style, marker sketch, realistic style, realistic, meticulous --v 5.2 --ar 16:9

图5-54是一幅现代公寓建筑的素描（*A sketch of a contemporary apartment building*）（请注意，虽然这里并没有使用马克笔的描述，但呈现出了马克笔绘画的特性。这是因为在提示词中将"草图"与建筑放在一起——在建筑草图的表现形态中，大部分是马克笔的形式，所以结果呈现了关联）。

图5-54 A sketch of a contemporary apartment building --ar 3:2 --s 700 --v 5.2

图5-55是一幅后现代建筑的精细马克笔绘画（*Post-modern architecture fine Mark pen painting*）。完美的建筑形态和丰富的笔触（*perfect architectural shape and rich strokes*）展示了建筑的结构和细节。该作品利用马克笔（*Marker*）进行了详细的描绘，使建筑的轮廓和特点得以清晰地展现（强调笔触和马克笔的特点，因此画面的马克笔效果特别显著）。

图5-56是生成的室内的马克笔草图。这是一幅关于厨房的素描（*a sketch of a kitchen*），展现了厨房的各种设备和白色的台面（*with appliances and white counters*）。该作品的风格特点是充满活力的光影（*vibrant use of light and shadow*）、高度的细节（*high detailed*）和金属的点缀（*metallic accents*）。通过对木材（*wood*）和水墨（*ink and wash*）的使用，使焦点集中在材料上（*focus on materials*）。注意：同样的原理，草图与室内也是关联的，我们在尝试中就会发现这些行业表现的特性。

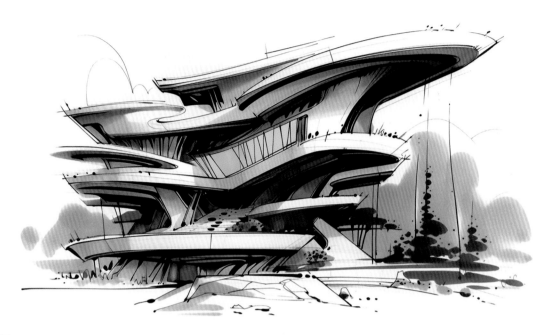

图5-55　Post-modern architecture fine Mark pen painting, perfect architectural shape and rich strokes, architectural sketches, Marker --ar 16:9 --niji 5

图5-56　a sketch of a kitchen with appliances and white counters, in the style of vibrant use of light and shadow, high detailed, metallic accents, layered translucency, wood, ink and wash, focus on materials --v 5.2 --ar 16:9

图5-57是一幅摩托车的草图设计（The sketch design of the motorcycle），类似于展示产品结构的图纸（product structure drawings）。使用马克笔（marker pen）进行绘制，展现出了别致的笔触（chic brush strokes）和渲染（stroke rendering）效果。此画运用了水性马克笔（water-based marker pen）和笔触的艺术（art of the strokes），因此可以看到晕染痕迹和飞溅的笔墨效果。

在图5-58中，我们微调了主体——航空航天太空房间的草图设计（The sketch design of Aerospace spaceroom）结构图纸（the structure drawings）。通过图5-58所示的图像，我们看到了更具设计感的属性，这与主题是紧密关联的，不同的题材有自己的"底色"。

图5-57 The sketch design of the motorcycle, the product structure drawings, the marker pen, the chic brush strokes, the stroke rendering, the water based marker pen, the art of the strokes --ar 16:9 --niji 5

图5-58 The sketch design of Aerospace spaceroom , the structure drawings, the marker pen, the chic brush strokes, the stroke rendering, the water based marker pen, the art of the strokes --ar 16:9 --niji 5

图5-59绘制的是马克笔绘画风格的人物。脸部精致的美丽女孩的草图（Beautiful girl's exquisite and beautiful face）。她身着藏族服饰（Tibetan clothing）且装饰复杂（complex decorations），展现了具体的结构和图案（structure and patterns）。此画采用草图技术（sketches），展现了角色的马克笔触（character Mark brushwork）和华丽的笔触（gorgeous strokes）。作品由Kael Ngu（马克笔艺术家）生成。从结果来看，图像受到模型的影响更大。

图5-59 Beautiful girl's exquisite and beautiful face, Tibetan clothing and complex decorations, structure and patterns, sketches, character Mark brushwork, gorgeous strokes, close up rich portrayal by Kael Ngu::5 --ar 16:9 --niji 5

图5-60采用了日本艺术家Nanaco Yashiro（插画师，画风华丽而独特）的风格，是主题为猫的马克笔与稻草画（Cat's Mark pen and straw drawing painting）。由此图可以看出，艺术家的画风和色彩强烈地影响了画面效果，具备独特的氛围和美感。

图5-60 Cat's Mark pen and straw drawing painting by Nanaco Yashiro --ar 16:9 --niji 5

5.4.2 彩铅案例讲解与关键词设置

在图5-61中，我们试着生成具有艺术特色的彩铅图像。提示词中提到了令人喜欢的详尽的草图艺术（Lovely detailed sketch art），画风主要受到Hope Gangloff的风格启发（Hope Gangloff是一位美国艺术家，以现代的肖像画和生动的色彩使用著称）。此图像的生成使用了交叉阴影技术（Cross hatching），并且突出了强烈的面部表情（Strong facial expression）。这幅画融合了卡通（cartoon）和彩色铅笔艺术（Colored pencil art）两种元素，其超现实主义风格（Photorealism）与Ralph Steadman（Ralph Steadman是一位英国插图师和漫画家，以怪诞、黑暗并且充满挑衅意味的插画闻名）作品的特点相结合。

图5-61　Lovely detailed sketch art in the style of Hope Gangloff, Cross hatching, Strong facial expression, cartoon, Colored pencil art, Photorealism, Ralph Steadman --s 10 --ar 2:1 --niji 5 --style expressive

图5-62是一幅Nicolas Uribe风格的初音未来（Hatsune Miku）拥抱一只猫并微笑的彩色铅笔素描。Nicolas Uribe是一位美国画家，他的作品工整，人像画很抽象又很真实。

在图5-63中，生成的是中国的长城蜿蜒穿越高山的壮观景象（a depiction of the Great Wall of China winding through mountainous terrain），利用了双重曝光摄影技术（double exposure photography），同时采用铅笔（pencil drawing）和彩色铅笔（colored pencil）进行绘制。

图5-62　colored pencil sketch of Hatsune Miku hugging a cat while smiling by Nicolas Uribe --ar 16:9 --niji 5

图5-63　a depiction of the Great Wall of China winding through mountainous terrain, double exposure photography, pencil drawing, colored pencil, 32K, high detail --s 300 --ar 16:9　--v 5.2

图5-64展示的是一个温馨的客厅，配有壁炉、书架和一个舒适的扶手椅（*A cozy living room with a fireplace, bookshelves, and a comfortable armchair*）。从侧面看（*Side view*），画面采用了分割式光照（*split lighting*），为其增添了层次与韵味。此作品为铅笔绘制（*pencil drawing*）风格（有明确的场景描述，在这个主题里，使用铅笔和彩色铅笔均可，使用草图则有可能为马克笔式样的表达）。

图5-64 A cozy living room with a fireplace, bookshelves, and a comfortable armchair, Side view, split lighting, pencil drawing, 4K, hyper quality --ar 16:9 --v 5.2

图5-65与图5-64相同，只是微调了视角、室内的光线和画种提示词，整个场景为大幅的全景（*Large panorama*），采光主要来自天窗（*skylight exposure*），采用了铅笔和彩色铅笔双重绘制的方式（*pencil drawing and colored pencil drawing*），彩铅痕迹比图5-64更明显。

图5-65 a cozy living room with a fireplace and comfortable furniture, Large panorama, skylight exposure, pencil drawing, colored pencil drawing, 16k, hyper quality --ar 16:9 --v 5.2